四特 教育系列丛书 SITEJIAOYUXILIECONGSHU

培养学习发明创造

《"四特"教育系列丛书》编委会　编著

吉林出版集团股份有限公司
全国百佳图书出版单位

图书在版编目 (CIP) 数据

培养学习发明创造／《"四特"教育系列丛书》编委会
编著 .—长春：吉林出版集团股份有限公司，2012.4
（"四特"教育系列丛书／庄文中等主编 . 爱学习，爱
科学）
ISBN 978-7-5463-8681-2

I.①培… II.①四… III.①科学知识－教学研究－中小
学 IV.① G633.72

中国版本图书馆 CIP 数据核字（2012）第 044145 号

培养学习发明创造
PEIYANG XUEXI FAMING CHUANGZAO

出 版 人	吴　强	
责任编辑	朱子玉　杨　帆	
开　　本	690mm×960mm　1/16	
字　　数	250 千字	
印　　张	13	
版　　次	2012 年 4 月第 1 版	
印　　次	2023 年 2 月第 3 次印刷	

出　　版	吉林出版集团股份有限公司
发　　行	吉林音像出版社有限责任公司
地　　址	长春市南关区福祉大路 5788 号
电　　话	0431-81629667
印　　刷	三河市燕春印务有限公司

ISBN 978-7-5463-8681-2　　　　　　定价：39.80 元

前　言

　　学校教育是个人一生中所受教育最重要的组成部分,个人在学校里接受计划性的指导,系统地学习文化知识、社会规范、道德准则和价值观念。学校教育从某种意义上讲,决定着个人社会化的水平和性质,是个体社会化的重要基地。知识经济时代要求社会尊师重教,学校教育越来越受重视,在社会中起到举足轻重的作用。

　　"四特教育系列丛书"以"特定对象、特别对待、特殊方法、特例分析"为宗旨,立足学校教育与管理,理论结合实践,集多位教育界专家、学者及一线校长、教师的教育成果与经验于一体,围绕困扰学校、领导、教师、学生的教育难题,集思广益,多方借鉴,力求全面彻底解决问题。

　　本辑为"四特教育系列丛书"之"爱学习,爱科学"。

　　古今中外,许多成功人士都重视和强调学习方法的重要性。伟大的生物学家达尔文就曾说过:"一切知识中最有价值的是关于方法的知识。"著名的大科学家爱因斯坦的成功方程式则是"成功=艰苦的劳动+正确的方法+少说空话"。这也是爱因斯坦对其一生治学和科学探索的总结。我们不难看出正确的方法在成功诸因素中具有多么重要的位置。联合国教科文组织教育发展委员会在《学会生存》一书中指出:"未来的文盲不再是不识字的人,而是没有学会怎样学习的人。"也就是说,未来的文盲不是"知识盲",而是"方法盲"。所以,在教学中指导学生掌握正确的学习方法,对于学生来说显得尤为重要。本书包括提高智力的方法以及各种学习方法和各科学习方法等内容,具有很强的系统性、实用性、实践性和指导性。但要说明的是:"学习有法,但无定法,贵在得法。"教师在教学中要注意因材施教,注意学生的个体差异,进而施以不同的方法教育,这样才能让学生掌握最适合自己的学习方法和学习的金钥匙,从而终身享用。

　　科学是人类进步的第一推动力,而科学知识的普及则是实现这一推动的必由之路。在新的时代,社会的进步、科技的发展、人们生活水平的不断提高,为我们青少年的科普教育提供了新的契机。抓住这个契机,大力普及科学知识,传播科学精神,提高青少年的科学素质,是我们全社会的重要课题。科学教育,是提高青少年素质的重要因素,是现代教育的核心,这不仅能使青少年获得生活和未来所需的知识与技能,更重要的是能使青少年获得科学思想、科学精神、科学态度以及科学方法的熏陶和培养。

　　本辑共20分册,具体内容如下:

　　1.《智能提高有办法》

　　智能提高的可能性,与遗传基因和后天因素息息相关。遗传因素我们无法改变,能够改变的就是尽量利用后天因素。本书针对学生如何提高学习智能进行了系统而深入的分析和探讨,并给予了切实的指导,对中小学生颇有启发意义,具有很强的系统性、实用性、实践性和指导性。

　　2.《高效学习有办法》

　　高效学习法是一种富教于乐的教育方式和高效学习训练系统。它从阅读、记忆、速算、书写这四个方面入手,提高孩子的"速商",让孩子读的快、学的快、算的快、记的快，迅速提高学习成绩。本书针对学生如何提高学习效率进行了系统而深入的分析和探讨，并给予了切实的指导，对中小学生颇有启发意义，具有很强的系统性、实用性、实践性和指导性。

3.《提高记忆有办法》

人的大脑机能几乎都以记忆力为基础，只有记忆力好，学习、想象、创意、审美等能力才能顺利发展。那么如何才能记得更多，记得更牢，更有效地提高记忆力呢？本书帮助你找到提高记忆力的秘密，将记忆能力提升到顶点。本书针对学生如何提高记忆力进行了系统而深入的分析和探讨，并给予了切实的指导，对中小学生颇有启发意义，具有很强的系统性、实用性、实践性和指导性。

4.《阅读训练有办法》

本书以语境语感训练为主要教学法，以日常生活中必读的各种文体、范文讲解及阅读材料的补充为内容，从快速阅读入手，帮助学习者提高汉语阅读水平。学生在学习的过程中，根据实际情况选用适应的学习方法，定能收到事半功倍的效果。

5.《轻松作文有办法》

写作是汉语的重要组成部分，在汉语中有举足轻重的地位。人们抒发感情需要写作，总结经验教训需要写作，记叙事件需要写作……总之，无论学习、工作、生活都离不开写作。本书针对学生如何提高写作能力进行了系统而深入的分析和探讨，并给予了切实的指导，对中小学生颇有启发意义，具有很强的系统性、实用性、实践性和指导性。

6.《课堂学习有办法》

课堂听课是学生在校学习的基本形式，学生在校学习的大部分时间是在听课中度过的。听课之所以重要，是因为大部分知识都得通过听老师的讲课来获取。要想学习好，首先必须学会听课。本书针对学生如何提高课堂学习能力进行了系统而深入的分析和探讨，并给予了切实的指导，对中小学生颇有启发意义，具有很强的系统性、实用性、实践性和指导性。

7.《自主学习有办法》

自主学习是与传统的接受学习相对应的一种现代化学习方式。以学生作为学习的主体，通过学生独立的分析、探索、实践、质疑、创造等方法来实现学习目标。本书针对学生如何提高自主学习能力进行了系统而深入的分析和探讨，并给予了切实的指导，对中小学生颇有启发意义，具有很强的系统性、实用性、实践性和指导性。

8.《应对考试有办法》

考试主要有两种目的：一是检测考试者对某方面知识或技能的掌握程度；二是检验考试者是否已经具备获得某种资格的基本能力。如何有效的准备考试，可分成考试前、考试中、考试后三个部分做说明。本书针对学生如何应对考试进行了系统而深入的分析和探讨，并给予了切实的指导，对中小学生颇有启发意义，具有很强的系统性、实用性、实践性和指导性。

9.《文科学习有办法》

综合文科的学习旨在帮助学生学会学习，学会分析研究人与自然、人与社会、人与自身关系中的现实问题，学会探讨解决问题的方法等，帮助学生树立终身学习的观念。在这个过程中不断培养学生的实践能力、创新意识和创造力。本书针对学生如何提高文科学习能力进行了系统而深入的分析和探讨，并给予了切实的指导，对中小学生颇有启发意义，具有很强的系统性、实用性、实践性和指导性。

10.《理科学习有办法》

理科学习要形成良好的学习习惯和有效的学习方法。总的来说，科学的学习方法可用如下歌谣来概括：课前要预习，听课易入脑。温故才知新，歧义见分晓。自学新内容，要把重点找。问题列出来，听课有目标。听课要专心，努力排干扰。扼要做笔记，动脑多思考。课后须复习，回忆第一条。看书要深思，消化细咀嚼。本书针对学生如何提高理科学习能力进行了系统而深入的分析和探讨，并给予了切实的指导，对中小学生颇有启发意义，具有很强的系统性、实用性、实践性和指导性。

11.《组织阅读科学故事》

在我们生活的各个角落，疑问几乎无处不在，而这些疑问往往能激发孩子珍贵的求知欲，它能引领孩子正确地认识和了解世界，并进一步探知世界的奥秘，这也正是早期教育最为关键的环节。为了让孩子更好地把握时代的脉搏，做知识的文人，我们特此编写了这本书，该书真正迎合了青少年的心理，内容涵盖广泛，情节生动鲜活，无形中破解孩子心中的疑团，并且本书生动有趣，是青少年最佳的课外读物。

12.《培养科学幻想思维》

幻想思维是指与某种愿望相结合并且指向未来的一种想象，由于幻想在人们的创造活动中起着重要作用，在发明创造活动中应鼓励人们对事物进行各种各样的幻想。幻想思维可以使人们思想开阔、思维奔放，因此它在创造中的作用是显而易见的。本书针对学校如何培养学生的幻想思维进行了系统而深入的分析和探讨，并给予了切实的指导，对中小学生颇有启发意义，具有很强的系统性、实用性、实践性和指导性。

13.《培养科学兴趣爱好》

怎样让学生对科学产生兴趣？这是很多老师都想得到的答案。想学好科学，兴趣很关键。其实，生活中的许多小细节都蕴含着丰富的科学知识，大家完全可以因地制宜，为学生创造一个良好的环境，尽量给学生提供不同的机会接触各种活动。本书针对学校如何培养学生的科学兴趣爱好进行了系统而深入的分析和探讨，并给予了切实的指导，对中小学生颇有启发意义，具有很强的系统性、实用性、实践性和指导性。

14.《培养学习发明创造》

发明创造是科学技术繁荣昌盛的标志和民族进取精神的体现。曾有学者预言，21世纪将是一个创造的世纪，而迎接这个创造世纪的主人，正是我们那些在校学习的孩子，因此对青少年进行发明创造教育，就显得极其重要了。心理学家研究表明，青少年的好奇心正是他们探索世界、改造世界、产生创造欲望的心理基础。通过开展青少年发明创造活动，鼓励青少年去发现新问题、提出新设想、实现新目标，这是培养他们创新精神和提高他们创造力的最好途径。

15.《培养科学发现能力》

阿基米德在洗澡时发现了阿基米德定律。牛顿看到苹果落地，最终得出了牛顿第一运动定律。在科学史上，这样的事例还有很多，它证明科学并不神秘，真理并不遥远，只要我们能见微知著，善于发问，并不断探索，那么当你解答了若干个问题之后，就能发现真理。本书针对学校如何培养学生的科学发现能力进行了系统而深入的分析和探讨，并给予了切实的指导，对中小学生颇有启发意义，具有很强的系统性、实用性、实践性和指导性。

16.《组织实验制作发明》

科学并不神秘，更没有什么决定科学力量的"魔法石"，科学的本质在于好奇心和造福人类的理想驱使下的探索和创新。自然喜欢保守它的奥秘，往往不直接回应我们的追问，但只要善于思考、勤于动手、大胆假设、小心求证，每个人都能像科学大师一样——用永无止境的探索创新来开创人类的文明。本书针对学校如何组织学生实验制作发明进行了系统而深入的分析和探讨，并给予了切实的指导，对中小学生颇有启发意义，具有很强的系统性、实用性、实践性和指导性。

17.《组织参观科普场馆》

本书集中介绍了全国多家专题性科普场馆。这些场馆涉及天文、地质、地震、农业、生物、造船、汽车、交通、邮政、电信、风电、环保、公安、银行、纺织服饰、中医药等多个行业和学科领域。本书再现了科普场馆的精彩场景，涉及科普场馆的基本概况、精彩展项、地理位置、开放时间、联系方式等多板块、多角度信息，全面展示了科普场馆的风采，吸引读者走进科普场馆一探究竟。本书是一本科普读物，更是一本参观游览的实用指南。通过本书的介绍能让更多的观众走进科普场馆。

18.《组织探索科学奥秘》

作为智慧生物的人类自诞生之日起就开始了漫长的探索进程，人类的发展史就是一部探索科学、利用科学史。镭的发现，为人类探索原子世界的奥秘打开了大门；万有引力的发现，使人们对天体的运动不再感到神秘；进化论的提出，让人类知道了自身的来历……探索让人类了解生命的起源秘密，探索让人类掌握战胜自然的能力，探索让人类不断进步，探索让人类完善自己。尽管宇宙无垠，奥秘无穷，但作为地球的主宰者，却从未停下探索的步伐。因为人类明白：科学无终点，探索无穷期。

19.《组织体验科技生活》

科技总是不断在进步着，并且改变着我们的生活，让我们的生活变得更加多彩。学校科学技术普及的目的是使广大青年学生了解科学技术的发展，掌握必要的知识和技能，培养他们对科学技术的兴趣和爱好，增强他们的创新精神和实践能力，引导他们树立科学思想、科学态度，帮助他们逐步形成科学的世界观和方法论。本书针对学校如何组织学生体验科技生活进行了系统而深入的分析和探讨，并给予了切实的指导，对中小学生颇有启发意义，具有很强的系统性、实用性、实践性和指导性。

20.《组织科技教学创新》

现在大家提倡素质教育，科学素质是素质教育的重要组成部分，学生科学素质培养的核心是培养学生的创新精神和创新能力，创新能力的培养、开发应从幼儿开始，在长期的教学、训练过程中逐步形成和发展。小学科技教学，在培养学生创新精神和创新能力中，起着举足轻重的作用。帮助学生树立新的观念，主动地、富有兴趣地学习新的科学知识，去观察、探索、实验现实生活乃至自然界的问题，在课内外展开研究性的教学活动等，是行之有效的。但是，科技活动辅导任重而道远，这就要求科技课教师不断探索辅导方法，不断提高辅导水平，为全面推进素质教育，实施科教兴国战略奠定坚实的人才和知识基础。

由于时间、经验的关系，本书在编写等方面，必定存在不足和错误之处，衷心希望各界读者、一线教师及教育界人士批评指正。

编者

目　录

第一章

学生发明创造指导

1. 发明创造的含义和技法

发明创造的含义

发明创造是指运用现有的科学知识和科学技术，首创出先进、新颖、独特的具有社会意义的事物及方法，来有效地解决某一实际需要。因此，科学上的发现，技术上的创新，以及文学和艺术创作，在广义上都属于发明创造活动。发明创造不同于科学发现，但彼此存在密切的联系。历史上人们利用科学的方法和方式，通过探索、研究、发现、表达、记录、信息传递交流，制作成为口语、书面信息、涂鸦图案、实物产品、科学技术理论、规律揭示，利用自然界存在的或者隐含的人类未知原理等，制作成为可以供生存、生活、生产、交流、信息交换等，具备相当程度的科技含量的人类智慧结晶的产品。一般地，称之为创造。

所有创造的开端，都是为了造福人类的科学技术活动。

发明创造的技法

所谓技法就是技巧和方法。技巧是人们经验的总结和提炼，它有助于减少尝试与错误的任意性，节约解决问题所需的时间，提高解决问题成功的概率。方法是指为达到某种目的而采取的途径、步骤、手段等。

在发明创造的过程中，可以运用以下技法：

（1）缺点法

缺点法，是指从操作方法、使用对象、功能结构等方面去寻找物品的缺点，通过改正这些缺点来形成创造目的的一种方法。

（2）希望法

希望法，也称希望点列举法，就是从社会和个人愿望出发，通过列举希望来形成创造目的的课题。这是寻找发明课题的一种常用的方法。

（3）组合法

组合法，就是将两个或两个以上已有的技术原理或不同的产品，通过巧妙的结合或重组，从而获得整体功能的新技术、新产品的创造方法。

（4）扩大法

发明技术中的扩大法，就是使现有物品的某些方面增加，如数量上变大、变多，或者质量上变好。它包括扩大体积、延长寿命和增加用途等方面。

（5）移植法

移植法是将某一领域或某种物品已见成效的发明原理、方法、结构、材料、元件等，部分或全部引进到别的方面，从而获得新成果或新产品。

（6）拓展法

将某产品不断向外进行拓展思维，所发现的有实用价值的新思维，并将其设计成可操作的工程。

（7）延伸法

在同一个方向上考虑思维下一步的工程，从而把发明不断推向高尖端。

（8）排除法

将所有的错误选项排除在外之后，剩下的选项都是正确的。

专利法保护的发明

中国专利法保护的发明创造分为发明、实用新型和外观设计三类。

（1）发明

发明是指对产品、方法或其改进所提出的新的技术方案。我国专利法规定，可以取得专利权的发明有两类，一类是产品发明，一类是方法发明。

（2）实用新型

所谓实用新型是指对产品的形状、构造或其组合提出的实用的新方案。实用新型专利只适用于产品，不适用于工艺方法。

例如：关于机床外型的新设计是产品形状的设计；把旧式电话中分开的受话筒和送话筒合为一体，是对产品结构的新设计；把改革电话机外型和拨号键盘的设计结合起来，就是对电话机形状和构造的结合做出的新设计。

（3）外观设计

外观设计是指对产品的外型、图案、色彩或它们的结合做出的富有美感并适用于工业上应用的新设计。外观设计必须附着在产品上，如果离开产品而单独存在，就不称其为专利法上的外观设计；外观设计只限于产品外观的艺术设计，而不涉及产品的技术性能。

2．学生创造发明能力的培养

发明创造是科学技术繁荣昌盛的标志和民族进取精神的体现。曾有学者预言，21 世纪将是一个创造的世纪，而迎接这个创造世纪的主人，正是那些在校学习的孩子。因此，对青少年进行发明创造教育，就显得极其重要了。心理学家研究表明，青少年的好奇心正是他们探索世界，改造世界，产生创造欲望的心理基础。通过开展青少年发明创造活动，鼓励青少年去发现新问题，提出新设想，实现新目标，这是培养他们创新精神和提高他们创造力的最好途径。

激发学生发明创造的兴趣

有人说成功者与失败者的最大差别，就在于他们的意志、信念、思想、精神和行为。儿童成功在一定程度上是始于对某一事物的兴趣上。可以设想一下，如果一个学生对所进行的活动连一点起码的兴趣都没有，那他肯定连想都懒得想，就更谈不上发挥他的主动性了。所以，在指导学生进行发明创造活动时，要充分激发他们探索科学的兴趣。

（1）引导学生明白，发明创造就在我们身边

一提起发明创造，人们都觉得挺神秘，挺高深。大人觉得，那是科学家的事，孩子觉得那应是大人的事，谁也不愿去想这个"高深"的问题，谁也不愿去揭开这层神秘的面纱。因此，在活动中应首先要向学生指出，发明创造离自己很近，它就存在于自己的周围，看得见，摸得着。复杂的不说，单是我们熟悉的用废纸裹铅做成的新型铅笔，其功能与用木材做的铅笔一样，却节约了木材，还不用刀削；使用纽扣电池作为电源，做成的只有大拇指大小的手电，既方便又实用。这些物品都是发明创造的结晶。发明创造一点都不神秘，凡是人们没有做过的，没有想过的事，你做了，想了，就是发明；你在生活中碰到过的不称心，不满意，你给它改进了，就是发明。消除了发明创造的神秘感，就会激发孩子的创造欲望。

（2）引导学生知道，人类社会的发展、延续离不开发明创造

古往今来，人类社会的进步，离不开发明创造，发明创造与人们的生产、生活息息相关，发明创造是促进社会进步的动力。例如：我国古代印刷和造纸的发明，极大地促进了文化交流；指南针的发明极大地促进了航海事业的发展；火药的发明，使整个世界发生了翻天覆地的变化。今天正因为拥有了诸如大到飞机、轮船，小到汽车、电视等发明创造，才使我们的生活有了新的改变。

（3）引导学生懂得，信心是发明创造的源泉

尽量介绍学生的发明成果，因为年龄相近，知识水平差不多，容易激发孩子的兴趣和信心。例如，我们在活动中将全国第一届青少年发明创造比赛和科学讨论会一等奖作品《无泪蜡烛》介绍给学生。普通蜡烛蜡液会沿边缘淌下，污染环境，浪费材料，而在蜡烛周围打上45°角，就能使蜡液不致浪费。通过介绍使学生认识到发明创造其实不难，自己要是认真琢磨，也能成为一名发明家。

（4）引导学生坚信，发明创造永无止境

引导学生用发展的眼光去看问题。让学生知道世界上的任何事物都是发展的、变化的，不存在永远不变的事物。知识和技术也是如此，每一种知识都会随时增添新的内容，任何一项技术都会有更完善的方式。用发展的眼光看事物，孩子就会觉得生活中需要我们发明创造的东西还很多，一生中有无尽的机会。

培养学生的发明创造的思维

创造思维可以产生创造意识，而创造意识又是从事创造活动的出发点。要使学生具有科学的创造力，必须使学生具备创造性思维。

（1）培养学生的直觉思维

"直觉"是人们认识过程中的一种跳跃式的思维形式，它是人类创造性思维的一个重要组成部分，没有一个创造性行为能脱离直觉活动。科学直觉的产生就像许多经验丰富的医生做出的诊断一样，由于他们积累了许多疾病的表现和特征，因此当观察到病人的某种症状时，很快就能开出治病的良方。培养学生的直觉思维应注意：

①积累知识和经验。知识和经验，尽管可能平时在感觉上对直觉思维无意识，但在某个外来刺激或紧张思考后会突然涌现。

②养成思考的习惯。要注意广泛的联想，这是培养和形成直觉思维的一种重要方法。不但新旧知识之间存在逻辑联系的地方需要联

想，对超越原有知识的地方也要联想。

③学会集中注意力和放松身心。集中注意力思考某一问题，使头脑下意识地考虑这一问题，有益于直觉产生；在紧张的学习思考之后，悠闲地放松一下，也容易产生直觉。

④愿意与别人讨论。不论是有意识的还是无意识的交流，都有利于获得启示，产生创造的灵感。

（2）培养学生的求异思维

求异思维亦被称为发散思维，它的核心是不受常规束缚，竭力寻求变异。可以不受现代知识和方法的局限，不受传统知识和方法的束缚，能多方位、多角度、多层次地提出问题、分析问题、解决问题。

①让学生学会逆向思维。三国时期，蜀国丞相诸葛亮巧施"空城计"，运用的就是逆向思维法。诸葛亮利用敌人一向认为他是不会冒险的人，反其道而行之，安然脱险。通过这样的事例引导学生明白逆向思维就是为达到目的，将通常思考问题的思路反过来，以背逆常规现象或常规方法为前提，去寻找解决问题的新途径、新方法。

②让学生学会转换思维。这是一种人们常用的思维方法，是求异思维最普遍的形式，也就是所谓转换角度看问题。当以原来的思维角度考虑问题而不能解决时，转换另一个角度，就有可能把问题顺利解决。

③让学生学会完善思维。1946年的电子计算机，主要部件都是电子管，十分笨重，运算速度慢，但是人们不是弃之不用，而是想法完善。50年代中后期，人们用晶体管代替电子管制造了第二代电脑。然后，人们又用集成电路代替晶体管生产出来第三代电脑。使用一些年后，人们感到它还需要更新完善，于是人们发明了大规模集成电路，用来生产第四代电脑，也就是我们现在使用的电脑。生活中没有尽善尽美的事，每一件事都会有这样或那样的不足，你发现了，把它完善了，你也就成功了。

提高学生发明创造的技法

加强案例教学，结合实例向学生传授发明创造技法。例如，我们在发明"投影仪遮光板"这个项目之前，可以给学生分享刘斌小朋友发明"提醒器"的故事。自行车忘了上锁会被小偷偷走，他就把启动报警器的开关设计在自行车撑脚上。撑脚一放下，便接通蜂鸣器。切断电路安在环锁上，上锁的同时线路被切断。这样把撑脚、蜂鸣器、锁"连一连"就成了自行车提醒器。类似的方法如"加一加""减一减"等十余种儿童发明技法，对学生的发明创造都很有实用价值。

合理指导学生进行选题

选题是发明创造的第一步，它决定着发明创造的方向和目标。对学生而言，选题的范围很狭小，所以选题时应尽量本着"小"的原则，引导学生从自己的身边选题。要引导学生观察自己周围的事物，哪些是感到不称心、不顺手及不方便的事物，你怎样去改进它，使它更称心、更顺手、更方便，从而选出自己发明创造的选题。选题要力所能及，要看自己的知识水平和能力。选题确定后，指导教师要千方百计地让学生去独立完成，切不可包办代替，这样做尽管进度会慢一些，但却可以培养学生独立的创造精神。

3. 训练学生发明创造的途径

青少年是祖国的未来，他们的科技素质和创造能力将在很大程度上决定着民族的命运，因此必须从小培养他们的科学素质，激发他们的创造热情。实践证明，开展小发明、小创造活动是一条重要有效的途径。

改变传统的观念

一提起发明创造，人们往往认为这是成人的事情，跟学生无关。原因何在呢？我认为一般人之所以不能进行发明创造，是由于他们对发明创造的原理不了解，不会运用。发明创造原理告诉人们，人人都有发明创造的潜力，关键在于如何开发和运用这种潜力。一但教师、家长和学生知道这种情况后，就不会觉得发明创造是高不可攀的，从而便在思想上打消了顾虑，为开展发明创造活动奠定了思想基础。为了鼓励更多的同学参加青少年科技创新大赛，可以给他们列举身边人的小发明，如童志强同学发明的摘果机，该摘果机荣获省级三等奖，他是在一个偶然的机会产生发明设想，后制成作品的。这些小事例，激发了不少同学制作小发明的设想方案。因此，可以这么说，学生完全可以搞发明创造，关键在于教师是否会正确地加以引导。

必须符合的标准

发明创造出来的作品的标准是新颖性、实用性和先进性，这三点缺一不可。

新颖性：为了保证发明创造具有新颖性，从事发明创造的人应该查阅技术档案和专利资料，以确保自己的工作不是在简单重复前人的劳动。这对于学生来说具有一定的难度，需要教师的指导。教师首先要让学生在前人的成果上进行"改进性发明"，然后在达到一定的水平之后再搞"全新性发明"，这样会使学生较容易成功。

实用性：如果一项发明创造搞出来后，对现实生活毫无用处，或者成本太高，就无法向社会进行推广，换句话说，就是没有实用性。这一点教师在指导学生搞发明创造时要特别注意，因为学生想象力虽然很丰富，但往往容易与现实脱离。

先进性：一项发明创造出来的作品必须给人带来便利或节约资金，才具有先进性。这一点教师在指导时必须引导学生进行纵向比较，然后才能得到结论。

教会学生选题

选题是发明创造的第一步，它决定着发明创造的方向和目标，在一定程度上选题影响着发明创造的价值和可行性。可以说，学生在搞发明创造时，首先遇到的困难是如何选题，主要有以下两点原因：

第一，学生年纪小，知识少，生活范围狭窄，信息匮乏。如果要求他们超出自己的生活范围和能力去发现问题，搞小发明创造，是不符合学生实际情况的。只有启发引导学生在自己生活周围去发现问题，搞小发明创造才是正确的。

第二，学生不善于观察生活，更不善于发现问题，也就谈不上解决问题了。教师平时要训练学生留心观察生活周围的事物，从而形成观察的习惯，为搞小发明创造创设必要的条件。总之，把那些生活中熟悉的事物有什么不方便、落后的地方提出来，即产生了选题。例如，有个同学发明的"防烫手热水袋"，就是他用热水袋装水的时候经常烫到手，于是就分析了原因，把原来的热水袋加以改进。因此可以说，选题并不难，只要留心生活中的事物，有什么不太"对劲"的地方，然后在分析原因，也就产生了"选题"。

教授发明创造方法

常用的发明创造的方法有缺点列举法、联想法、移植法、偶然发明法、逆向思考法等。运用这些方法的目的在于提出创造性的设想和方案，一旦创造性设想和方案产生，就可进入验证和实施阶段，最终才能形成一件发明作品。例如，有个同学利用缺点列举法发明的防流水菜板，就是看见妈妈在菜板上切菜时水经常流到地上，然后利用这个缺点产生了发明设想。所以说，让学生掌握一些常用的发明创造方法非常必要。

克服发明创造的障碍

由于发明创造涉及的方面较广，事先很难预料，再加上学生自身的特点，肯定会出现或多或少的障碍。主要表现在以下几个方面：思维定式、知识面窄、信息饱和、自我要求过高、制作（包括设计、材料）等。该怎么解决这些问题呢？方法如下：

第一，作为教师就要使学生在平时打好知识基础的同时，尽早参与发明创造活动，从中积累经验，逐渐了解发明创造的原理。

第二，学生在搞小发明创造的过程中，如果遇到问题，教师要加以启发，但千万不能包办，同时注意发挥集体的力量，即共同研究、互相启发、相互补充。

第三，要经常进行发散性思维训练，从而使学生的思维活跃，不呆板。例如，有个同学发明的"书式黑板"，最初她是根据宾馆的旋转门而想发明一种旋转式黑板，但是放在教室里，就不切实际了。后来教师根据书的制作方法来启发她，从而发明了"书式黑板"。以上事例告诉我们：学生在发明创造过程中一旦遇到自己不能解决的问题，只要教师加以适当的引导，一定会成功的。

4. 培养学生创造思维的方法

小发明活动的选题主要来源于日常生活和学习用品。学生容易发现其缺点和不方便处，然后想办法改进，或对前人没有想过和做过的事，大胆地设想和创造，就能产生小发明成果。学生通过小发明从而产生成功感，激发创造潜能。小发明活动作为提高学生创造能力的一个重要途径，对于培养学生的创造精神、创造性思维和创造个性起着极其重要的作用。对于培养未来科技人才以至提高全民族的创造能力也是十分有益的。

激发学生的创造欲望

提到创造发明，人们必然与张衡、蔡伦、爱迪生、瓦特联系起来，认为发明创造是发明家、科学家的事，普通人是搞不出发明创造的。学生也无一例外地认为创造发明就是从无到有，凭空想象制作一样有用的东西出来，而且必须惊天动地。学生对创造发明怀着神秘感、神圣感，也充满着自卑，决不相信自己能搞发明创造。因此，要搞好发明创造活动首先要打破创造发明神秘论和学生的自卑感，激发学生对发明创造活动的兴趣和欲望。

在教学过程中，教师要时时通过浅显生动的方式激发学生的创造发明的兴趣，还可以把学校自己的创造发明作品和得奖情况进行展示，通过这些典型事例的介绍，使学生明白发明创造并不神秘，并不是高不可攀，发明创造就在我们身边。我们也经常引用教育家陶行知的一句话"处处是创造之地，天天是创造之时，人人是创造之人"来鼓励学生参与创造发明活动。在教师的引导下，原来对发明创造不感兴趣的学生充分认识到了发明创造的作用，产生了别人能做到的，我为什么不能的创造欲望，试一试的念头也油然而生，学生对发明创造的兴趣被充分激发出来。爱因斯坦有句名言"兴趣和爱好是最好的老师"，学生的兴趣浓了，教师就能因势利导，充分发挥学生的积极性和主动性，把学生引入创造的天地。

注重学生创造思维训练

创造思维是发散思维与聚合思维的有机结合，发散思维是构成创造思维的最重要成分。因此，培养和训练学生的创造思维，就要着重训练学生的发散思维与聚合思维，特别是发散思维。同时，也应通过集中—发散—集中—再发散—再集中……的思维活动过程培养学生的集中思维的逻辑性与严密性。

比如，我们在训练过程中，让学生讲出更多的钢笔的作用，一开始同学只讲钢笔能写字、画画。这时，就需要教师启发、引导学生，把自己的思维扩散出去：你还能再找到些什么用途，或把钢笔改一改有什么新的用途……等等。这样，学生的思维一下子就会活跃起来，说出更多钢笔的作用。再比如，我们展示一支筷子或在黑板上画一圆，问学生这是什么？在学生只表面说出这是什么的基础上，引导学生的思维扩散出去，产生更多的联想。这样通过一段时间的锻炼，学生的扩散思维和想象能力就会有很大的提高。

在课堂教学中注重对学生创造思维的培养。在教学中，经常提一些开放式的问题，或者提一些有争议的问题，给学生思考的空间，让学生的思维活跃起来，发表自己的见解，或课后进行探索研究。这是思维训练的有效方法，而且这个方法可渗透于各学科。

在教学中提倡学生自由思考、大胆想象、灵活变通，使学生不仅习惯于单向思维，而且善于进行逆向思维、多向思维。有时候在上课之前，先给学生做一些脑筋急转弯或一些智力题。这样，一方面使学生的上课兴趣得到提高，另一方面，使学生的思维得到锻炼。布置一定量的具有创造思维的作业，也是开发学生的创造思维的有效途径。另外，我们可以利用节假日的时间，布置一定的作业，如：玩具的设计、漫画的设计、小报／版面的设计、利用废旧物品制作一些小玩具等。这样既丰富了学生的课余生活，又使学生的思维得到锻炼。

教师在指导学生进行创造性思维实践的过程中，一应尊重学生的首创精神，爱护他们的积极性，鼓励他们"异想天开"，不求一开始就成熟；二应支持学生大胆实践，学中干、干中学，逐步总结提高，不求一下子就成功；三应指导学生选准重点，总结提高，做到有所取舍，集中集体智慧，不求一下子都解决；四应欣赏学生，不但要欣赏成功，而且要欣赏错误。

5．学生实施发明创造的步骤

小发明是我们科技活动的重要组成部分，也是全国青少年科技创新大赛的比赛项目之一，其内容广泛、趣味性强，深受中小学生的欢迎。小发明活动又是提高学生创造能力的一个重要途径，对于培养学生的创新精神和实践能力起着及其重要的作用。当你具备了一定的发明创新的方法后，还要在开展小发明活动中做到：勤积累、多观察、巧动手、善交流、精制作、巧命名。

勤积累

积累和掌握一些基本科学知识和技能是小发明的重要前提，要利用课余时间阅读科普书籍，做好学习笔记，通过运用再学习就能逐步提高科技能力为小发明的开展奠定基础。好的习惯决定人的一生，为培养学生的良好习惯，我们的做法是准备一个小本子，命名为"灵感集"，当灵感产生时马上记录下来，甚至强制自己每天提出几个问题，一周后反思归纳，选出具有研究价值的问题，再进行探讨研究，也许你就能找到发明的素材。美国心理学家研究得出，灵感产生于大脑，只能保存三秒钟，好的灵感你不记录下来，到用时你是无法找到。

多观察

小发明的选题主要来源于日常生活和学习中，我们要多观察生活和学习中的不便，选择各种来自身边而又有研究价值的实际问题进行探索、构思和设计，然后实施验证，最后形成结果。让学生把自己的想法说出来，虽然有许多奇特而不切合实际的幻想，这是很正常的，人类的发明创造就是在前人幻想的基础上实现的。学生的观察力是多角度的，不要把我们的思维强加给他们，让他们自由发挥，你就会有惊喜的发现。比如一个名叫武婷的同学发明的"雨夜照明伞"就是一个很好的例证。

巧动手

有了好的发明设想，你还必须亲自动手制成样品，许多设想、方案经你反复修改，你认为很完善，似乎是可行的，但一付诸实践，就会出现一些意想不到的缺点或解决不了的实际问题。所以，一件小发明还应将它制成样品，在制作过程中对你的方案进行修改、验证，发现问题及时解决，如不能解决的还要提出改进意见。

善交流

把你的想法、设计方案及制作中出现的困难讲出来，既能营造一个小发明的浓厚氛围，又能在分享成功快乐的同时，对你的设想方案提出修证的意见、建议，集思广议，使你的作品更加完美。

精制作

你的样品须尽可能精致。从今年参加第二十二届科技创新大赛展品看，我们以前所有作品都太粗糙。当你的发明已经定型时，你最好不要怕麻烦，尽可能地选择好的材料，精心进行制作，把以前制作中存在的问题（美观性、灵活性、制作工艺等）进一步改进，甚至可以请一些专门的生产人员利用比较先进的工艺，加工成精品。

巧命名

给你的作品取一个好名字，会使你的作品增色不少。这个名字既要能概括作品的特点，又要能引起人们的注意，你的作品就成功了一半。

6. 指导学生发明创造的技巧

学校的发明创造教育活动是指教师运用创造教育理论引导学生学习掌握简单的发明方法和技巧进行发明创造，从而培养学生的创新意识、创新精神、创造思维、创新能力及个性品质，促使学生形成良好的创新素质。

营造发明创造氛围，激发小学生发明创造的兴趣

兴趣是最好的老师。在对学生进行发明创造教育时，营造一个"人人是创造之人、天天是创造之时、处处是创造之地"的氛围是非常有必要的。学校在"科创"教育活动中，可以通过组织开展"小发明信箱""创新方案设计大赛""奇思妙想""金点子创意""亮眼睛行动""红领巾发明俱乐部""讲科学家发明家的故事"等活动来激发小学生的发明创造兴趣，营造人人争做"小问号""小发现""小能手"的创新氛围，引导小学生在丰富多彩的实践活动中发现问题、研究问题、解决问题，在探究的过程中获得实实在在的收获，让他们体验到"处处是创造之地，时时是创造之机，以幻想为快乐，以创造为光荣"的发明乐趣，为学生创新意识和能力发展提供一个校园氛围。同时，利用课堂对小学生进行教育，教学效果好与坏的关键也在于课堂中的创造性氛围，如果教师能够很好地引导学生积极思考，敢于表达自己的见解，会使其创造潜能得到最大限度的发挥。所以教师在教学中应注意激发兴趣，鼓励学生探索求异，为学生营造一个充满创造性的课堂氛围。

让学生充分理解创造力与知识的关系

教师在引导学生进行创造发明之前，必须让学生明白：没有深厚的文化基础知识就不可能有所成就，也不可能成长为高素质的创新

人才，并从两个方面引导学生：一方面要求每个学生必须掌握和理解一些发明创造的基本方法和技能，如缺点列举法、组合发明法、联想发明法、实例发明法、移植发明法等等；另一方面要求学生学会思考，要密切联系生活，并运用所学发明创造的知识巧妙解决自己生活中遇到的难题。对于那些爱好发明创造而不太注重文化知识学习的学生，教师可以一些案例故事教育他们，如发明家张开逊教授走向成功之路的经历。张教授之所以能成为当代世界很有影响的发明家，是与他渊博的知识分不开的。也就是说，发明必须以扎实的文化知识做基础，现代杰出创新人才必须是知识渊博者。

多种形式结合，调动学生学习积极性，发挥主观能动性

由于受年龄和知识掌握情况决定，小学生尝试进行发明创造时最困难的是找到好的选题。如何帮助学生确定选题？我认为教师在课堂引导时不能采用传统的教学方法，只凭一张嘴、一支粉笔、一块黑板来讲授，这样学生会感到枯燥乏味；教师应利用自己熟悉的优秀发明作品，引出问题，创设情境，活跃课堂气氛，吸引学生积极参与。如我在讲授"联想发明法"时，特地设计了"用联想发明技法进行发明选题"的活动课，先展示一些学生的优秀小发明作品，用幻灯片在屏幕上投影出这些作品选题产出的大致过程，让学生根据自己的生活经历，联想出一个或几个发明课题，再将部分学生联想获得的选题用幻灯片展示在屏幕上，让学生思考，进行第二次联想活动。经过几次反复，每位学生的课题都得到了展示，便让学生根据自己的体会，总结出"联想发明法"的要领。这样，每个同学都享受到了成功的喜悦，课堂主体作用得到了充分发挥，学习发明创造理论的热情更加高涨，也为小学生进行发明创造活动时探求选题指明了方向。

注重思维训练，促进学生创造性思维的发展

开展小学生发明创造活动，对于训练学生的创造性思维能力有

非常大的作用。在活动中，教师要特别注重对学生进行系统的思维训练，如进行发散、想象、联想、类比、组合等思维的训练，以促使学生创造性思维的发展。通过训练，重点帮助学生掌握创造性思维的两种方法，即充分发挥想象力，突破原有知识圈而产生新设想的扩散思维方法和通过分析、比较、推理等手段，寻找最佳答案的集中思维方法。鼓励他们打破常规，多方联想，以启发式调动其"灵感"，激活他们的创造思维，直至达到"入迷"的境界，渐渐形成自己的创新思维方式，并获得好的思维成果。例如：有的同学发明的"紫外线杀毒马桶盖""多功能的饮料瓶"等，就是他们通过观察生活中的自然现象受到启发，通过联想思维方法获得的创新成果；还有的同学发明的"隐形可伸缩乒乓球网""桂花采集装置"等，就是他们运用逆向思维技巧获得的好成果；而有的同学发明的"安全雨衣""姊妹小鼓棒"等，则是他们利用组合思维方式获得的优秀成果。

帮助学生消除畏难情绪，使学生树立发明创造的自信心

小学生由于受各种条件和能力的限制，发明创造对于他们来说，比中学生要困难得多。这些年来，我一直注意采用多种形式帮助学生消除"发明创造高不可攀"的畏难情绪，树立"别人能做到我也能做到"的坚定信念，启发他们注意观察身边事物，从学习、劳动和生活中寻找课题，然后鼓励他们大胆创新和发明。学生在课题实施中遇到困难，难免会产生波动情绪，这就需要我们辅导教师加以理解，抓住时机进行适当的引导与学生共渡难关，应及时激励他们："这个难题你一定能够解决好，多想想便可突破。"学生听了之后自信心猛增，很快便进入了独立解决难题的兴奋状态，并通过不断努力，最终找到解决难题的好方法，从而有效地培养了学生的创新毅力，为学生完成自己的发明作品做好了坚实的后盾。

小学生发明创造活动是一种实践性很强的活动，教师要从学生生活实际考虑，合理安排其实践的广度和深度，否则就会走入发明创造的死胡同。这些年来，我从培养学生创新能力的需要着手，联系生活组织学生进行了一系列的发明创造实践活动，例如：运用调查法、参观法、情报分析法、专利检索法等寻找发明课题的实践；运用组合法、移植法、智力激励法、逆向构思法等进行解题的实践；运用废物利用、教具改革、学具创新等进行动脑动手相结合的实践；应用实例发明法改进原来发明作品的不足的实践；等等，使小学生的发明创造能力真正获得提高。

总之，作为一名小学生发明创造活动的辅导教师，只有自己在教育教学工作中不断创新，努力探索辅导学生进行发明创造的方法和途径，才能提高学生的发明创造能力，才能使学校的科技教育上升到一个较高层次，真正使学生的创新素质得到培养。此外，培养小学生的科技发明创造能力不只是学校和教师的任务，它还需要社会和家长的大力支持，只有这样，才能为孩子创造一个更好的发明创造环境。相信通过我们对小学生进行发明创造教育，将来他们一定会肩负起历史的重任，成为一名合格的建设人才。

7. 强化学生发明创造的措施

培养创造型人才，尤其是要培养从事发现或发明活动的创造型人才，就必须要培养他们娴熟地掌握和应用发现的方法或发明的方法。在活动中，适当地开展发现方法与发明方法的训练。遵循正确的途径可以使你的发明变得简单、易行。常用的发现、发明方法有：

偶然发现法

偶然发现法顾名思义就是偶然的发现，如果你对偶然的发现、突发奇想不去思考，这些发现、奇想就会像闪电一样一闪既失，不会有什么结果。但是我们必须明白，现实生活中的所有现象都有它存在的道理，偶然出现的事物也有它的道理，只要我们抓住不放，那就可以通过它发现这些道理并搞出一些发明来。

水龙头对于我们来说是最常见的，好像没有什么可发明的，但就是有人在水龙头上大做文章，搞出了这方面的发明——他就是昆明科技有限公司经理姜立人先生，发明的"向上喷水的水龙头"。他的发明就是突发奇想的结果。他拿着淋浴喷头为自己冲澡时，淋浴器喷出的水直接喷在了他的脸上好舒服呀，如果平时洗脸时也这样喷一喷多好。于是他开始研究，终于发明出了"向上喷水的水龙头"。经过试验，姜立人先生发明的水龙头在洗脸时的用水量只有平时用水量的五分之一，能够节约大量的水。他的这一产品已经远销欧美等 30 多个国家，实现了产业化。

联想发明法

有的发明，是靠联想成功的，如有一个同学发明的"售票窗口防盗镜"就是一个典型的联想发明的例子。俗话说，说者无心，听者有意，他的一位叔叔刚从外地回来，在和他爸爸的闲谈中说，这次回来在车站买票时被小偷掏了腰包。站在衣柜前打红领巾的他，从镜子中看到身后的一切物品，由此他联想到能否用镜子把身后的人物反射到购票人眼前，起到警示作用。后来，经过他多次的实验，教师的指导，终于利用镜子的反射原理发明出了"售票窗口防盗镜"

挖掘潜力法

挖掘潜力法就是破除守旧观念，注意被忽视的事物，物尽其用，说白了就是变废为宝，一改多用或一改它用。在变废为宝的同时，使其更加环保，更加节约资源，更加经济。例如，用废报纸生产铅笔的发明者刘玉春原是一名记者，他发现出版社每天有大量的废旧报纸，在他外出采访的过程中，也发现各机关单位也有大量的废旧报纸，他利用工作之便做了大量的调查，终于下定决心辞去了工作专搞发明，经过七年的坚苦努力，他成功发明了用废旧报纸生产的铅笔。这项发明在每年为国家节约大约 50 公顷林木的同时，实现了产品的产业化。此外，该产品进入了欧美市场，并带来了巨大的经济效益，真正实现了废纸换美元的目的。

移植发明法

移植发明法也可称转移发明法或嫁接发明。就是把已知的原理或熟悉的部件，运用到新的发明上来，这种技术上的移植，是发明创造的一条重要途径，而且往往是一条捷径。

比如说，汽车是现有的，太阳能电池是现有的，那么把太阳能电池运用到汽车上即成为太阳能汽车，这即是成功的事例。四川的白新城同学就是根据吸尘器的原理，加上黑板擦，发明出既擦黑板又吸走粉笔灰的迷你吸尘器，它还可以用在生活的许多地方。

列举发明法

列举发明法既有对其希望的列举，又有对其缺点的列举。

有很多东西，当你看惯了，就会认为没有什么值得改进和发明的，可是你用新的眼光去看它，对同一个事物，就会有不同的看法。首先，就是看身边使用的东西，会发现有什么不方便、不顺当、不如意的地方。它的缺点如何克服，克服的过程既发明的过程。经过改进，缺点克服了，新的产品出来了，新的发明也就成功了。其次，你对身边的事物，可能有一些希望，当这些希望得到实施以后，发明也就成功了。

例如，有的同学提出设想，能不能发明"多功能手杖"，他想：老人用的手杖能不能增加其功能，变成坐椅，使老人在转悠的同时能够坐下来休息。像这样的小发明有很多，这些设想的提出，都来源于对生活的观察，对生活的热爱。这在培养学生发明创造的同时，也能够培养他们服务人民、服务社会的良好品质。这可是一举多得的好事，我们何乐而不为呢？

适应需要发明法

了解我们身边有什么需要，也是我们寻找发明目标的重要途径，经过仔细观察，充分调研，抓住生活、工作、学习中的某些需要，下功夫进行研究，就能创造出受人欢迎的产品。青少年参加科技活动，不是在进行真正意义上的科学研究，而是学习科学研究的方法，是接受科学教育的过程，因而提倡青少年要从自己的学习生活和社会生活中选择题目，也就是要研究身边的科学，探索身边的奥秘。

日本的安藤百福每天都看到许多人在车站旁的饭馆前排队，等着吃热面条。有一天，他突然灵机一动：如果能生产一种"只用开水一冲就可以吃"的面条，估计居家旅行者都会愿意大量购买。于是，他毅然确定了研制"方便面条"的发明课题。安藤百福马上投入发明试验。他买来一个轧面机，为了实现"方便、简易"，他想到"油炸"，这样，可以很快就把面条炸干，便于贮存。面条在油炸后自然会出现很多细孔，这些细孔在热水浸泡时起到吸水作用，可以使方便面很快变软，油炸后的面条味道还会更好。在这期间，他还发明了添加调味料的方法，使自己的方便面味道鲜美可口。经过长达3年的苦心钻研，安藤百福终于研制成功了"鸡肉方便面"。现在方便面已经进入我们的生活。

头脑风暴法

这是美国奥斯本提出的一种寻求发明创造的方法，要求通过特殊的会议，使参加者相互启迪，引起创造性设想的连锁反应。头脑风暴法的价值主要在于它能集众人的智慧来解决问题，从而产生整体大于部分的整体效应。

检核表法

检核表法就是利用分析借鉴，看它能否他用、能否借用、能否改变、能否扩大、能否缩小、能否替代、能否调整、能否颠倒、能否组合。

8. 创造发明中师生合作的智慧

学生是创造发明的主体，教师是创造发明活动的指导者。作为辅导教师，应该充分认识到学生是创造发明的主体，在开展活动中教师不能包办、代替。教师不是课题的批发商，学生的创造性和洞察力是课题的真正源泉。课题的发现本身有助于发展学生的创新精神，培养学生发现问题的能力。这就要求我们处理好与学生在创造发明中的位置关系。

教师是探索活动的组织者、服务者

当你和学生一起面对课题时，你不再是知识的辐射源。你是学生创造发明的组织者、服务者，要善于给学生搭建一个创新活动的平台，着重帮助学生解决研究所需要的资源问题。课题研究活动必须为发展学生的"天才行为"，促进拔尖人才的脱颖而出作出贡献。教师应当为更多青少年新秀脱颖而出、健康成长创造更多机会和条件，让他们在学习、交流、展示、竞争、拼搏中成长成熟，早日成为建设祖国的栋梁之材。如果一味地追求比赛的高成绩，以教师的智慧替代学生，那么可能会得到一时的荣誉，然而却抹杀了学生的创新思维，最终也将失去我们教育的真正目的。

教师是科学方法的示范者、导航者

在学生发现问题、提出问题的基础上，重视对学生研究方法的指导，这是研究型课程的主心骨，其目标是教会学生怎样去研究。学生应在教师的指导下，尝试问题的解决；在解决问题的过程中，教师要善于创设脚手架，替他们搭建解决问题、合作交流的平台，引领学生创造奇迹。教师要培养学生解决问题的能力，同时要提醒学生少走弯路，少做一些无用功。当研究出现一些意外时，教师要善于引导同学把握转机。教师的辅导要做到"到位而不越位"，尽量让学生感觉到是自己在发现，同时要做个日常的呵护者、辅导者。教师应与学生合作展示问题解决的全过程。

教师是学生作品的欣赏者

对于学生的作品，无论好与坏，都要给予足够的重视，给予高度的评价，并且对学生作品进行面对面的讲评，指出作品的优劣，启发改进思路。大家一定知道爱迪生小时候做凳子的故事，就是那个做得很糟糕的凳子，也是他的最佳创作。当我们面对这样的作品时，呵护一个具有创造精神的心是最重要的，只有这样才能激发起学生的创作欲望，使学生获得成功的体验，才能更有效地开展创造发明活动。

教师是学生情感的激励者

鼓励比参与更重要，教师要真正成为学生"灵魂"的工程师，善于运用评价技巧，激励学生主动发展。只有对心灵力量有信心的人，才能成功。

9. 学生发明创造应注意的问题

让学生知道发明创造有什么用

发明创造是很伟大的，人类就是依靠发明创造才懂得使用工具，才懂得走出洞穴成为现代人，才懂得使用火把，把光和热带给人间。发明创造使人类的许多幻想变成了现实，如卫星上天、火箭升空、飞船登月、克隆动物这些都是人们依靠发明创造实现的。

激发学生发明创造的理想。我们有的同学想发明一种飞行服，穿在身上就能自由自在地漂浮在空中，有的同学想发明一座能悬浮在白云间的华丽的别墅有的同学想发明会飞的鞋子……发明创造的多彩光环处处闪烁，编织着一幅又一幅璀璨的图画。也许再过几十年、几百年，如今的电灯、电视机、汽车、火车、飞机、电脑统统成了博物馆的古董，那时的孩子会指着这些东西说："那时的人真笨！"

破除创造发明的神秘感

在人们的心目中，发明创造是最神秘的事情，很多人连想都不敢想，更谈不上"高攀"了。举一些我们身边的发明创造的例子，眼镜、漏勺、笔筒、手电、腰带、口红……都是发明创造，说明发明创造无论大小都是伟大的。我们需要增强同发明创造打交道的勇气和信心。

鼓励学生从小开始发明

常言道："万事开头难。"发明创造亦是如此。学生学创造要从小做起，先搞一件小发明、小改革。小发明到底小到什么程度呢？如多用回形大头针，就曾经获得全国第八届青少年创造发明比赛小学组二等奖作品（江西南罗右营街小学三年级学生）。

发明创造依托"三力"

培养三种基本能力即观察力、想象力、分析能力。

（1）培养学生的观察力没有观察就看不到问题，没有问题就没有革新的对象。

例如，小发明"卫生跳绳袋"，这件作品获全国发明创造比赛小学组二等奖。观察不仅仅是看到了什么，而是要从看到中想到什么。

（2）丰富学生的想象力增强想象就在于摆脱习惯思维对自己的束缚。

学生要做到敢想、多想、联想、广想、幻想、深想，让创造的思维随心所欲，自由奔放。例如就洗脸异想天开：想象一种具有消毒功能的洗脸盆，想象一种能调节水温的洗脸盆，想象一种可悬浮起来的洗脸盆，想象一种可呼之即来挥之即去的洗脸盆，想象一种能使洗脸水变清洁而重复使用的洗脸盆，想象一种可大可小的洗脸盆，想象一种无形洗脸盆……想象的价值在于超越现实，超脱平凡，如果说创造力是射向未来的利箭，想象力就是箭头。

（3）提高学生的分析能力

例如，有人想发明一种磁性笔，方便仓管员使用。产生了磁性笔这一发明构思后，接下来要引导学生分析，一是分析磁性笔的设计和制造问题，二是分析磁性笔的使用价值。只有正确分析才能把发明设想引到科学创造的方向上来。

发明创造抓住"三性"

（1）新颖性

具备新颖性的小发明指前所未有或与旧不同的事物。比如，有个学生想发明一种"带护手罩的炒菜铲子"，如果这件作品是前所未有，就具有新颖性。又如发明一种摩托车电热防风衣，与一般防风衣有所不同，也具有新颖性。对学生作品的要求是较低层次的，主要是"小改革"。

（2）先进性

具备先进性的小发明指的是同类事物相比，在某一方面或某些方面，甚至整个方面进步的事物。例如，你设计的多功能手杖不但保持了传统手杖的功能与使用习惯，而且可以作为机械手使用，还具有照相、紧急呼救等功能，手杖还设有急救药品盒，与传统手杖相比功能齐备，整个都领先于现在的各种手杖。

（3）实用性

具备实用性的小发明指能被人们理解、接受、有使用意义（价值）的事物。例如，你设计一种夜光绳，人们在日常生活中有需要，现有的条件也能制造出来，这种夜光绳就具有实用性。

学生创造发明立足"三小"

（1）小目标

例如，有个学生要发明一种能伸出两个指头的棉手套，以便书写。这个小朋友的发明创造目标是小目标，小目标容易实现。

（2）小问题

小问题就是发生在身边微小的、人们不易觉察的问题。比如：在屋里擦玻璃时，玻璃的外面擦不到；在厨房拿油瓶，手上总是黏糊糊的；洗澡时，香皂没个合适的地方放……这些都是小问题，像这样的小问题生活中处处都有，无时不在，人人都可能碰到。只要时刻留心身边的小问题，才会从中发现创造的小目标。

（3）小设计

例如，有个老大爷每天都要坐在沙发上看报纸杂志，茶几上又放满了茶具，报纸杂志看完了无处放，老大爷的孙子总想给爷爷解决这个小问题，于是他应用主体附加的方法，在沙发侧面附加了一个兜子，专供爷爷放报纸杂志。这就是发明创造的设计，小设计就是解决小问题的。

发明创造围绕"三具"

学生开展创造发明活动，可以从改革劳动工具、学习文具、生活用具开始实践，因为这些是学生熟悉常做常用的物品。

（1）劳动工具

劳动工具有很多，如锤子、剪刀、锯子、扳手、铁锹等。在使用这些劳动工具时总有不得心应手之处。比如，在清洗浴室时，由于部位不同，往往需要的工具不同，要是设计一种该直就直、该弯就弯的拖把，即"可弯曲的浴室拖把"也是一种发明。这就是每个人顺手可以做的发明创造。

（2）学习文具

学习文具大家更熟悉，如文具盒、铅笔、直尺、三角板、卷笔刀、圆规等学习中使用的各种文具。各种各样的文具都值得大家动脑改进，哪怕只是很小很小的一点小改进，如改进一下卷笔刀刀片的角度，改变一下卷笔刀削笔的方法，增加尺子的一项功能等，都属于创造。

（3）生活用具

人们日常的生活用具可谓五花八门，如桌、椅、碗柜、梳子、小镜、牙刷、指甲剪、勺子、床、钟表、暖水瓶等等。其实生活中的每一件物品都可以再变一变，再改一改。例如，衣架就可改为可升降的衣架、可变形的衣架、防风衣架以及折叠式移动衣架。又如，用梳子梳理头发后，梳齿间的头发和污垢不易清除，把梳子弄得很脏，这不是可以改进的地方吗？

劳动工具、学习文具和生活用具，这"三具"是我们指导学生进行发明创造的广阔天地。只要我们指导学生留心观察，用心思考，总有一天会在这"三具"上做出发明创造的。

尝试发明创造的方法

（1）"加一加"创造法

"加一加"是在原有基础上加一些物体、时间、次数、重量或者将两个事物组合在一起形成新的事物的制造方法。

运用"加一加"进行发明创造，常常可以把物与物加，或把事与物加，或把事与事加。

①物与物加就是把不同的物组合起来，如笔筒与钟表、鱼缸与盆景、放大镜与镊子、拖鞋与刷子、跳绳与计数器、门锁与拉手等等。

②事与物加就是把不同的事和不同的物组合起来，如音乐与皮球、谜语与雪糕、保健与电吹风、保健与梳头、生日音乐与贺年卡等等。有位小朋友发明了一种"枕头叫醒机"。

③事与事加就是把不同的事组合起来，如气象与医疗、京剧与

魔术、就餐与洗衣、教学与旅游等等。事与事加，就是不同的事互相渗透，互相利用，把两种不同的事融合，达到一件事包含两件事的目的。

（2）减一减

"减一减"就是考虑可不可以在某些事物上减去些什么。可以减少环节吗？可以减轻重量吗？可以减少体积吗？

①减少环节。什么是减少环节呢？有一个小朋友发明了"只拧一颗螺丝的新式锁扣"。

②减轻重量。例如，明明发明的"家用管道疏通器"，原来全部用金属材料，后来特大部分零件为尼龙，重量的减轻，使用起来更加得心应手。

③减少体积。什么是减少体积呢？有些发明创造本身就有体积上的限制，不能太长，也不能太小，像圆珠笔的笔杆、衣服上的纽扣等。例如，学生发明尖头鞋刷。

（3）变一变

主要有：变原理、变结构、变材料。

①什么是变原理呢？例如，螺旋千斤顶"变"原理，发明设计了液压千斤顶。又如，学生发明了作品"按扣开关"。

②什么是变结构呢？例如，一般沐浴器只有一个喷头，而鲤城实小同学通过观察发现，沐浴器喷头可以发挥更多作用，于是便发明了多功能沐浴器，它可以把喷头分别换成海绵、刷子……

③什么是变材料？例如，我国的象棋曾以铜、象牙这样的材料做棋子，后来以木、瓷、塑料等材料来代替，在原理和结构不变的前提下，用其他材料来替代原来的材料就是变材料。又如，饮料瓶盖里面的垫片，以前是用橡胶制成的，后来用低发泡沫塑料片代替，节省了大量橡胶。

（4）反一反

方向、方法、用法，一经成为人们的既定思想、常规知识和习惯行为，就很难改变。大家如能对此进行"反一反"，把方向反过来，把方法反过来，把用法反过来，说不定某个事物经你这么一反，会有新意，出奇效，崔生发明创造。

司马光砸缸救人，即将"人离开水"颠倒过来，变成"水离开人"。于是，他搬起石头打破缸，使水流出来，小朋友得救了。

英国科学家法拉弟，把"电转变成磁"颠倒过来，实现了"磁转变成电"，发明了世界上第一台发电机。

指导学生学习运用"反一反"的方法开展小发明，可以着重从三个方面加以引导，即反方向、反方法、反用法。

教师在指导过程中应注意的其他几个问题

①要注意谋求发明创造的巧，而不是高精尖。

②要注意引导学生进行一些系列化的设计。例如，椅子系列、衣架系列、各种各样的卷尺等。

③要善于发现学生发明创造的闪光点。如从学生幼稚的想法，甚至是幻想中去发现学生发明创造的闪光点。

（4）要注意解决学生制作过程中的各种困难。例如，材料、工具、仪表、工艺、制作、解说等困难。

（5）有些作品可以反复加以改进。要指导学生多角度加以改进，选择出最佳方案。

（6）要注意把握指导的度。主要是方向、方法的引导，要注意引导学生自己去探索，充分考虑学生活动中的各种需要和可能，以及可能出现的困难。适度指导，恰到好处。不要包办代替，甚至以教师的思维代替学生的思维。

①多看相关报纸、杂志，了解相关信息，扩大视野。

10. 扫除学生发明创造障碍的方法

加强科学技术普及教育提高全民族，尤其是青少年的科技素质，已成为持续增强国家创新能力和竞争力的基础性工程。新课程标准、新教育对素质教育提出了要改革以前"重知识灌输、轻创新精神和实践能力培养的倾向比较严重"的局面。创新是一个民族进步的灵魂，可见提高青少年的科技素质、培养学生创新精神和实践能力的重要性。

在学生中开展小发明、小创造活动是提高青少年科技素质、培养学生创新精神和实践能力的一条非常重要的途径。但一提起发明创造，人们往往会说这是科学家、工程师等专家的事情。对于普通群众，特别是还处在进入学习阶段不久的学生来说，创造发明似乎显得更为神秘，可望而不可即，发明创造真的这么难吗？

我国伟大的教育家陶行知先生说过："处处是发明之地，时时是发明之时，人人是发明之人。"其实这也就是说：发明创造人人都能进行，只不过是发明层次不同而已。那么，问题又出在哪里呢？就出在人们尚未认识到对创造发明的障碍，也不能自觉地加以克服。我们通过探索、研究，发现了原来学生在进行小发明、小创造时，会经常受到心理、思维、技能和时热四个障碍的影响，只要扫除这四个障碍，小发明、小创造活动就会开展得如火如荼，否则活动开展起来只能是事倍功半，甚至是徒劳。

那么学生在小发明、小创造之路上这四个障碍是如何产生又如何扫除呢？

扫除心理障碍

所谓心理障碍，就是认为发明创造很神秘，不是自己能做得了的事，是科学家、工程师等专家的事情，或者说根本不知发明创造是什么。该障碍形成的原因主要是人们的一种从众、定式的心理影响，认为只有搞科学的人才有能力进行发明创造，其实发明创造就在你我的身边，发明创造处处皆有、人人皆行，平常生活中谁都会想些办法，这些办法就是发明创造。

根据心理学研究表明：教育要适应受教育者的心理发展水平，实际上就是教育要适合受教育者的心理，使受教育者能够接受、掌握教师所教的知识、技能等。因此，一开始不要告诉学生我们来学习如何进行发明创造，而是应结合学生较熟悉的事物对学生进行无意识的引导认识：尝试最浅显的改进性发明的认识，这类发明学生容易接受，创作又容易成功。

例如，教师刚开始不要告诉学生是学发明知识，而是像平时课堂提问一样，问学生："你们每天学习都要用到哪些文具，这些文具用起来有没有不方便的情况呢？"这时学生会七嘴八舌地发言："我的笔有时写了一会儿，突然没水了？""我的文具盒经常掉在地上。""我喜欢看书，但经常碰到一些不认识的字，查字典又耽误时间，影响阅读！"……

大家的问题越来越多，教师就可趁机选中一个较容易解决的问题，继续提问："文具盒放在桌面上，确实容易掉落，那么有没有办法使它不容易掉呢？大家回去把自己想到的办法写下来作为作业交给老师。"

接下来第二节课，教师可选中学生提出的一些可行性的办法进行制作并向同学展示，如在桌面上安置一块磁铁，文具盒（铁制的文具盒）会被吸在桌面；在文具盒的底部加上吸盘（桌面是光滑的）等方法，与学生一起探讨，请大家点评是否行得通或者说你们还有没有其他办法，这样学生又在不知不觉中对各种办法提出了自己的见解，还想出了其他办法。

最后教师告诉学生：你们想到的办法，制成实物或模型就是小发明。

学生一听，顿时欢呼道："原来小发明、小创造这么简单，我也能行。"经过多次这样的探讨，使学生知道：凡是别人没有做过、想过的事或别人没有做好的事，你想了、做了，这就是发明，这就是创造。即使别人做过，但你不知道，你把问题解决了，对于你自己来说也是发明创造。采取这种方法使学生对小发明、小创造的认识达到了水到渠成的效果，彻底地揭开了学生心理认为发明创造只有科学家、工程师才能办得到而自己不是这块料的神秘面纱，扫除了学生心理第一大障碍。

扫除思维障碍

所谓思维障碍，就是很多学生在明白了何为发明创造后，对自己提出的一个问题、一个新的思想，总怕别人笑话，缺少对旧事物否定的勇气，不敢大胆地破旧立新，或者想到的老是些别人想到过的问题，甚至说我想不出一条思路来。该障碍形成原因是尽管发明创造活动多种多样，但其创造过程是有规律可循的，而学生就是没有掌握这种活动规律。

教育要给学生的心理发展以积极的支持。针对这种思维障碍，首先为学生提供必要的支持和信任，使其明白成功之路积累了或多或少的失败。其次是学生没有掌握发明创造方法、原理，所以要指导学生掌握各种常用的简单的发明技法。例如：

克服缺点法：明确每种物品都有或多或少的缺点，改正了其不足缺点就是发明。

希望发明法：设计出能满足某种需要的物品，就是发明。

组合发明法：将不同物品组合在一起，增加了功能或减少了材料也是发明。

再次，学生信息不足、思维定式，为此就要指导学生多看些青少年科技教育的课外书籍、科技教育电视片等，多角度收集信息，如《小学科技》中的"小小发明家"、《小爱迪生》中的"挑战爱迪生"、《少年发明与创造》等栏目内的发明创造作品。CCTV-1 少儿节目《大风车》中"奇思妙想""异想天开"等开阔思路的节目，从中找出别人的发明思路来源，启发和开阔自己的思维；同时引导学生广泛地参加或接触各种活动，多观察周围的事物，从不同人物、不同地点、不同时间中找出它们的不足和需要，寻找发明课题。

当然对学生来说，根据他们的知识结构，我们要求的只能是些小发明、小创造，哪怕只是一个想法，只要是有别于其他的，都是值得肯定的，关键是让他们的思维得到锻炼、想象能"飞"起来。经过这样一系列的学习，学生的思维活跃了，不再胆怯了，从原来不敢想，变成了大胆地想了，好点子层出不穷。

扫除技能障碍

所谓技能障碍，是指有了一个好的发明课题，但就是由于主观、客观等条件限制，不知怎样动手完成作品，或者是动手了难以达到预期目的，导致经常失败，最后干脆与它说声再见。该障碍形成原因是由于学生年龄较小，各方面条件、技能等缺乏或欠佳，如工具缺少、金属焊接技能等动手制作时会出现各种各样的困难，又对成功过于心切。可动手实践是把构想变为现实必不可少的途径，它是培养学生动手的最好机会，如果这一步没有做好，学生会产生畏难情绪，甚至会逐步放弃自己进行发明创造念头。

俗语说得好"不怕做不到，就怕想不到"，在学生有了好的发明点子，要变成实物时，我根据实际情况，并没有要求学生先将作品制作出来，而只是要求他们在脑中完成设计，并将他的想法用文字或简单的图画表达出来，甚至用话语告诉我他是怎样设计的，然后我再与他一起画、找材料、制作、改进；或者让其告诉家长、同学，请家长或同学一起参与完成；有的由于目前条件不具备，甚至还请他人帮忙完成。不过在制作过程中我们是有目的、有针对性的、系统地指导和训练相应能掌握的技能。

当然在作品的完成过程中教师对学生也不能要求太高，以增强学生的信心。就是经过多次实践，这样一步一步，水到渠成，学生畏难情绪就会不翼而飞了，最终完成的作品既有科学性，又具有一定的工艺水平，同时在制作过程中还密切了师生、家长、同学之间的情感关系，集体合作精神也得到了培养，理解了协作的重要性，学生也在作品完成过程中逐步地掌握了必要的操作技能。

扫除时热障碍

所谓时热障碍就是活动刚开始充满激情，但进行了一段时间后就变得冷淡，甚至兴趣全无，对活动不能持续。产生这种障碍的原因是因为少年儿童的好奇心与探究环境的倾向，最初只是潜在的动机力量。这种潜在的因素只有通过实践活动并在实践活动中不断取得成功才能逐渐形成和得到稳固。

为让学生在经常实践活动中通过成就感激发他们的长期的创造动机，学校应坚持开展小发明、小创造活动，在开展活动中做到"六有"，即有计划、有内容、有检查、有总结、有专人负责、学生人人有作品（作品形式包括实物、模型、图纸、方案、点子等）。

同时针对各年级学生的知识深浅、动手能力强弱的不同特点，采取相应的辅导措施，平时加强引导学生仔细观察周围现象、鼓励启发学生自己提出问题、解决问题，促使学生关心身边事物，主动探讨生活中的科学。

经过一段时间的尝试和实践，学生掌握了进行小发明、小创造的要领。特别是在学生完成作品的每一阶段直至作品完成，都充满着教师鼓励、家长支持、学校表彰等不同的方式激励学生从事小发明、小创造活动，让学生体验到进步和成功的喜悦。

　　在制作出现经济困难时学校可以帮助解决，作品在省内外展出时所有费用由学校报销，对学生作品获奖、发表的学校给予嘉奖，现在用在学生发明作品制作、在各地参赛展出、获奖奖励的费用逐年增加；同时学校建立活动展览室，不定期开放让学生参观，让学生互相观摩自己的活动成果，使他们产生成功感和自豪感；每学年的家长开放日、每年的科技活动月更是把小发明、小创造活动推向高潮，从而进一步提高了师生、家长参与学校小发明、小创造活动的热情，使学生从原来的不敢做转变到现在的大胆做、从原来的不会写转变为会写……有效地促进了小发明、小创造活动的持续开展，避免时热性，大大地激发了学生的创造欲望，增强了从事活动的信心，也提高了学生的创新能力。

　　通过以上"四扫障碍法"的操作扫除了学生进行小发明、小创造活动途中的四个障碍，使他们不再对发明创造感到高不可触，使得许多学生成功地走上了发明创造之路，从而使得学校小发明、小创造的活动取得了突破性的佳绩，从而为培养学生的创新精神和实践能力、提高青少年科技素质取得事半功倍的效果，为持续增强国家创新能力和竞争力的基础性工程打下坚实基础。

第二章

学生物理发明启迪

1. 温度计的发明和改进

冷热的观念古已有之，但形成科学概念却经历了漫长的过程。很多科学家都曾为此大伤脑筋。这里的关键在于如何定量表示冷热的程度。

早在战国时期，我们的老祖宗就已经根据水结冰来推知气温下降的程度。汉代初年有一种"冰温度计"，按文献记载，"睹瓶中之冰而知天下之寒暑"，意思是说，观察瓶里冰的融化或增厚，就可知气温的变化。

古人也知道利用光的颜色判断温度的高低，"炉火纯青"就是形容炉温达到最高点时火焰从红色变成青色的意思。

最早有意识地依靠热胀冷缩来显示温度高低的是 16 世纪的几位科学家，其中有著名物理学家伽利略。他发明了第一支温度计，时间大约是 1593 年。据他的学生描述，有一天，伽利略取一个鸡蛋大小的玻璃泡，玻璃泡接到像麦秸一般粗的玻璃管一端，管长约半米。用手掌将玻璃泡握住，使之受热，然后倒转插入水中，等玻璃泡冷却后，水升高二三十厘米。伽利略用水柱的高度表示冷热程度，测量了不同地点、不同时候、不同季节的相对温度。

伽利略曾经学过医学，显然他是想利用这个温度计来测量人体的体温。但他的温度计有一个重大缺点，就是大气压会对水柱高度产生影响，而且温度计插在水盆里用起来很不方便。

法国化学家雷伊（J. Rey）将伽利略的温度计做了一点改进，他把玻璃泡调头放在下方，从上面灌进一定量的水，于是温度计便可以携带了。但水会蒸发，温度仍然不很可靠。不久，在意大利出现了把酒精或水银密封在玻璃泡中做成的温度计。为了表示温度的高低，在玻璃管上标有刻度，管子太长，就做成螺旋状。可惜，刻度没有统一标准，不适于推广使用。

德国的格里克（O. V. Guericke）在 1660—1662 年间创制的温度计颇为壮观。该温度计高达 20 英尺（约 6 米），由一个中空的大铜球壳及一细长的 u 形铜管构成，管中灌有一定量的酒精，开口一端的液面上漂移着一铜箔杯，杯子通过绳经滑轮吊着一个小天使，通过小天使的升降来指示气温的高低，刻度上标明"大热""大冷"等字样。

通过实践，科学家逐渐认识到，为了有效地测量温度，必须选取某些温度作为标准点。

惠更斯推荐水的冰点和沸点作为标准，玻意耳认为冰点会随纬度改变，建议用大茴香油的凝固点作为标准。牛顿则选用融雪温度和人体温度作为温标，并将这中间分成 12 等份。1703 年，丹麦学者罗默（Romer）则选用冰、水和食盐的混合温度作为零度，因为这是当时所能达到的最低温度。

德国人华伦海特（D. G. Fahrenheit）从罗默的工作中得到启发，也研究了温度标准。1714 年，他用水银代替酒精作为测温物质，于是就有可能利用水的沸点。他做了许多实验研究水的沸腾，认识到水的沸点在大气压一定的条件下是固定的，不同的大气压下，沸点会有所改变。他把结冰的盐水混合物的温度定为 0°，把健康人的体温定为 96°，中间的 32° 正好是冰点，后来又确定水的沸点为 212°，这就叫华氏温标，以°F 表示。

华伦海特的工作推动了精确温度计的发展，在欧洲大陆，他的温度计使用很普遍。

瑞典天文学家摄尔萨斯（A. Celsius）于 1742 年创制的温度计是将水的冰点和沸点间分为 100 等份。不过，他为了避免冰点以下出现负温度，定冰点为 *100°*，沸点为 *0°*，和现行的摄氏温标（以℃表示）正好相反。我们现在的摄氏温标是 *1743* 年法国人克利斯廷（Christin）首先采用的。从伽利略到摄尔萨斯，大约经过了 *180* 年，在这些漫长的岁月里，温度计几经沧桑，逐渐完善。有了温度计，没有温度标准和分度规则也是不行的，而温度标准则有待于物态变化的研究。所以，温度计的发展历经这么长的时间，而一旦建立了完善的测量温度的方法，热学的实验研究也就蓬勃展开了。

2．望远镜和显微镜的发明

透镜是最简单的光学仪器，借助它的放大作用，人们可以扩大视力。早在公元前 *424* 年，古希腊的一部喜剧中有这样的台词："用透明无瑕的石头点火吧！"透明的石头就是玻璃。一千多年以后，才有人用透镜制成眼镜。有一幅据说是 *1352* 年的教堂壁画，画中一位戴眼镜的技师正在刻字，说明眼镜的使用跟印刷技术的发展有关。这大概是有关眼镜的最早记载。

望远镜的发明有点偶然性。第一个望远镜是荷兰的一位眼镜制造师利佩希于 *1608* 年做成的。据说，有一天利佩希无意地将一块双凸透镜和一块双凹透镜组合在一起，对准附近的一座教堂尖顶上的风标，只见风标明显地放大了，距离似乎也近了，这使他又惊又喜，后来他还为此申请专利，引起了一场发明权之争。

望远镜的发明虽属偶然，但在荷兰首先发明却不是偶然的，因为当时荷兰的眼镜片制造业比较发达。几百年来，荷兰在研磨玻璃和宝石方面已发展了一套全面的技术，居于领先地位，为望远镜的发明奠定了基础。

当时许多人对望远镜的热情纯属好奇，有人视之为玩具，有人视之为生财之道。但是，也有人是从科学的需要出发，认为找到了极有用的观察工具，可以帮助人们扩大眼界。伽利略就是其中的一位。1609年，当他得知发明望远镜的消息后，激动不已，立即亲自动手制作望远镜，然后用来进行天文观测。1610年，伽利略在他的著作《星际信使》一书中写道："大约10个月以前，消息传到我的耳朵里，说有一位荷兰人发明了一种仪器，可以用来使远方物体像近处物体一样清楚，这使我思量我自己如何也来建造这样的仪器。由于有光学定律的指导，我想出了这样的主意，即把两透镜固定在管筒的两头，一个是平凸透镜，一个是平凹透镜，当我把眼睛贴近平凹透镜时，物体就像只有大约实际距离的1/3远，大小为实际的9倍。我历尽艰辛，也不吝惜钱财，终于成功地做出了精良的仪器，使我能看到几乎比肉眼所见大1000倍的物体，而距离只是原来的1/30。"

伽利略用他自制的望远镜观察月亮，发现月球上有许多山岭和火山口；对准木星，发现木星有卫星；对准太阳，发现了黑子，还从黑子判定太阳也在转动。

伽利略多年用望远镜观察天体，以确凿的证据支持了哥白尼的日心说。可能是由于没有保护措施，长期直接观测太阳，晚年的伽利略不幸双目失明。

伽利略的望远镜以凹透镜作为目镜，观察到的是正像，但视场较小。开普勒采用凸透镜作目镜，可以得到更大的视场，看到的是倒立的像。后来他加了第三个目镜，又把倒像变为正像，就成了现代天文望远镜的雏形。

惠更斯也对望远镜的改进作出过贡献。他为避免透镜的像差，设计出一种长焦距望远镜——高空望远镜，将物镜和目镜分别安装在支架的高处和低处，省去了通常的镜筒。

牛顿在年轻的时候制作了一种与众不同的反射式望远镜。他认为透镜成像是基于折射原理，不可避免会由于色差和其他原因产生像差。如果利用凹面镜的反射和聚焦作用，有可能做出更为理想的望远镜，不但可以避免像差，而且还可以大大缩短镜筒长度。

牛顿亲自动手研磨反射镜，第一台长仅15厘米，口径为2.5厘米，可用来观察木星的卫星及金星的周相。后来又制作了一台较大的反射式望远镜，送给皇家学会，该望远镜现仍保存在博物馆中。

显微镜和望远镜一样，最早也是荷兰的眼镜制造者发明的，用的也是一凸一凹的透镜，镜筒长约45厘米，直径约5厘米。这种结构和望远镜基本相同。伽利略就曾用他的望远镜看过微小物体，并形容说："我看到的苍蝇就像羊羔那样大。"

胡克对显微镜的推广使用起了特殊的作用。1665年他的著作《显微术》出版，这是最早论述显微镜的专著，书中详细介绍了显微镜的使用方法，并附有胡克亲笔画的显微镜插图和许多用显微镜观察微小物体所得的图像。胡克多才多艺，早年曾在伦敦一位肖像画家那里当过学徒，后在牛津大学学习物理。英国皇家学会成立后，他被选为秘书和实验组长。皇家学会很重视显微镜的应用，鼓励胡克从事这项研究，并要求他每次例会至少要带来一张显微镜观测图。胡克还用显微镜观察软体结构，发现了细胞组织，成为用显微镜研究生物学的先驱者。

3. 气压计的发明

真空一般是指气压很低的空间。人们为了研究大气压强，做了很多实验。著名的托里拆利实验就是其中的一个。根据这个实验，托里拆利（E. Torricelli）发现了真空，从而破除了前人一直认为"自然界厌恶真空"的传统说法。

其实，自然界并不厌恶真空，古代科学家之所以主张"自然界厌恶真空"，是因为在当时的条件下真空是一种无法实现的境界。他们用这一理由解释抽水机的作用。到了伽利略时代，这种观念开始遭到怀疑。伽利略根据深井抽水，高不过 10 米的实际经验作出判断，认为这种"厌恶"是有限度的。他做了一个实验，希望测出抽水机中真空的力。他的装置是一个金属圆筒，内有一木质活塞，活塞中间开有一小口，一根铁丝穿过。先将活塞压到圆筒底部附近，然后翻过来。铁丝的上端有·圆锥形头，注入少量的水正好把小口封住，这时在铁丝的另一端的挂钩上吊一只桶，桶里加有沙子或其他重物，直到活塞脱离圆筒为止。称出活塞、沙桶和铁丝的重量就可以得到真空的力，也就是自然界对真空的阻力。

伽利略解释说，抽水机不能把水抽过 10 米高，就是因为自然界对真空的阻力是有限的。伽利略虽然没有摆脱自然界厌恶真空的传统观念，但是他认识到有可能获得真空，这为后人的研究开辟了道路。

17 世纪 40 年代意大利有一位物理学家叫伯蒂（G. Berti），从伽利略的书中得知抽水机不能把水抽过 10 米高的事情，他表示怀疑，就专门设计了一套规模庞大的装置。他在楼前架起了一根竖直长管，底端沉入水中，用活塞塞紧，然后在管中灌满了水，上端密封好。打开活塞，水柱下落，这时伯蒂证实，水柱确实只能维持 10 米的高度。他还在水管的顶端安放了一只铃铛和一把小锤，水柱落下，铃铛和小锤处于真空之中，应该听不到铃声，然而，也许是金属手柄传导的缘故，伯蒂这一实验不是很成功，铃声还是传出来了。

伯蒂的真空实验又激起了其他人的兴趣，其中一位就是托里拆利。实验使他想到用比水重的液体代替水，有可能缩短管道的长度。托里拆利是伽利略的学生，伽利略去世前夕，嘱托托里拆利继续研究真空问题。

托里拆利先是用海水，后来改用蜂蜜，最后找到汞（水银），因为就在他所在的意大利中部地区，有一座汞矿。汞比水重 13.6 倍，因此就可以用短十几倍的管子代替 10 米长的抽水机唧筒。当时还没有一个地方能生产承受得住像 1 米高汞柱那样重的长玻璃管，托里拆利就请伽利略的一位年轻学生维维安尼做这样的玻璃管，并和他一起做了实验。将长 1 米的玻璃管，一头封死，从另一头灌入汞，直到管端，然后用手指捂住管口，再倒置于汞槽中，观察撤去手指后汞面的高度。托里拆利在 1644 年向友人写信提起了这个实验，并且指出，不论玻璃管的形状如何，汞柱的高度总是在 76 厘米左右。他的实验设计得很巧妙，很有说服力。

托里拆利画了一幅装置图。A、B 两根玻璃管，高度相同，形状各异，A 管上端是一个玻璃泡 E，显然 AE 的体积比 B 大得多，如果汞柱上升原因是由于"自然界对真空的阻力"，越是稀薄的物质对汞柱的吸力应越大，所以 A 管的汞柱应升得更高，然而事实上两支管子达到的高度相同，与容器中剩余物质的稀密无关，可见作用不是来自管子内部。

为了证明汞柱上方的容器是完全空的，托里拆利在汞槽里加进纯水，然后慢慢提高玻璃管，他们看到，当管子的开口达到水的那部分时，汞从管中涌出，水却急速地通过玻璃管上升，充满整个空虚部分。可见，使汞不掉下的原因，不在于内部，而在于外部。作用于汞柱的力，不是由于真空，而是由于高达 80 千米的空气的重量而产生的。他写道："汞既无偏爱，也无厌恶，它进入容器并且在管柱中升高到足以与压它向上的外部空气的重量相平衡，这有什么好奇怪的呢？"然后，托里拆利说如果用水代替汞做同样的实验，水柱将会升到 10 米高，才能平衡大气的重量施加于它的力。就这样，托里拆利对抽水机抽水为什么不能高过 *10* 米，作出了正确的解释。托里拆利通过上述实验发明了测量大气压的气压计。

不久，托里拆利的实验传到了法国。法国的帕斯卡（B. Pascal）为了检验托里拆利的结论，在巴黎也做起了同样的实验。他认为要对汞柱升高的原因是大气压的说法作出判断，最好的办法是测出高处和地面上气压计汞柱高度的差别。但是当时市内建筑不足以得到明显结果，于是他想到在山顶上做实验。遗憾的是，帕斯卡身体虚弱，无法爬山，他就求助于其内弟佩利尔（F. Perier）。佩利尔将气压计带到多姆山顶上，他果然发现，在山顶上管中汞柱高度比山下低 *3* 英寸（约 *0.076* 米）多。

佩利尔在返回的路上又做了分段观测，证明汞柱升高与高度的降低成正比。当他回到出发地时，得知留在山下的另一支气压计在他离开的一段时间内汞柱高度并没有变化。

这个实验结果使帕斯卡坚定了大气压存在的信念。他明确表示，空气的重量和压力是造成汞柱悬挂的唯一原因。因为在山下比山上有更多的空气压下来，"自然界并不厌恶真空"。

帕斯卡对气压计还做了其他研究，例如他研究了汞柱高度和气候的关系。从此，气压计得到了广泛的应用。

帕斯卡是法国一位很有才华的数学家和物理学家。他自幼体弱多病，但却是一个神童，*12* 岁就开始对数学发生了兴趣，*16* 岁随父亲参加巴黎的学术活动，*17* 岁提出了投影几何学中的一个著名定理，*20* 岁发明了第一台机械计算机。

1651—1654 年间，帕斯卡研究了液体静力学，提出著名的帕斯卡定律。帕斯卡于 *1662* 年去世，年仅 *39* 岁。为了纪念帕斯卡的功绩，物理量压强的单位就以他的名字命名。

4．真空泵的发明

托里拆利用汞柱倒置的方法使玻璃管的上方出现真空，人们称之为托里拆利真空，可以说这是最早获得真空的方法。他的发现传开后，人们又做了许多实验来研究这个现象。例如，*1647* 年法国物理学家罗伯维尔（G. Roberval）做了一个有趣的实验，他从鲤鱼肚里取出鱼鳔，尽可能将里面空气排尽，再把开口扎紧，放在托里拆利真空区内，结果鱼鳔膨胀起来。这个实验令人信服地说明，大气压下留在鱼鳔中的残余空气，当外部气压减小到零时，会膨胀为很大的体积。不久有人著书评述了这个实验，认为空气具有弹性，就好像海绵或羊毛一样，受到压力会收缩，压力减轻会膨胀。

德国人格里克在事先不知道托里拆利实验的情况下也发现了真空。他的经历饶有兴趣。有一天，他让家人用唧筒抽酒桶中的水，在抽的过程中唧筒脱落了，他们用布条重新绑好，由于填塞过严，桶口封住了，结果把桶内的空气也抽掉了，只听得里面一片沸腾的噪声。格里克从这件事得到启发，就用铜球壳代替木桶，让家人再用唧筒抽。家人越抽越费劲，最后只听"嘭"的一声，铜球塌瘪了。

1654 年，格里克为了向公众演示抽气实验，他安排了两个引人注目的表演。由于他那时是德国马德堡市的市长，所以这两个实验也叫马德堡半球实验。实验之一，两个严密对接的半球形金属壳，中间抽空后，用 *16* 匹马也没有将两金属壳拉开。实验之二，一对抽空的半球吊在支架上，可以承受非常大的负荷。格里克没有对吸力的起因提供解释，他的贡献，主要是发明了真空泵。马德堡市长的新奇实验轰动了德国，当消息传到英吉利海峡对岸时，引起一番波澜，又有人

做了许多新奇实验，其中一位就是大名鼎鼎的玻意耳。

5. 水压机的发明

在帕斯卡之前就有人研究过液体静力学，并且不是很明确地得到了帕斯卡定律。例如，荷兰人斯蒂文就曾用实验演示过液体中的压强，他得出结论：液体对盛放液体的容器之底部所施的力只取决于承受压力的面积和它上面液柱的高度，而与容器的形状无关。

斯蒂文的实验装置中，容器 ABCD 注满了水，容器底部有一圆形开口 EF，盖着一个木制的底盖 GH。另有一个容器 IRL 与 ABCD 一样高，也注满水，底部也有同样大小的开口和底盖。他用杠杆拉住底盖，杠杆的另一端加重物 T 与 S，底盖分别被重物 T 与 S 提起，而 T 与 S 彼此相等。这就证明了，尽管这两个容器的水重不一样，但底盖承受的压力都一样。

接着，斯蒂文在这个基础上，证明了液体中各个方向的压强只决定于所处的高度。

帕斯卡更深入地研究了液体的静压力。他明确地表述了液体中任何点上各个方向的压强相等的原理。他的成功主要是把大气压的成因用于解释液体中的压强，找到了两者的共性，并且巧妙地把实验和推理结合起来。他在死后第二年出版的著作《论液体的平衡及空气重量》（1663 年）中论述了液体的平衡和浸在液体中的物体所受的压力，接着根据这些结果解释了以前归结为自然界厌恶真空的种种现象。在这本书中，帕斯卡首先介绍一系列实验结果，然后根据这些实验结果展开了严密的推理。

他在论述液体中压强的传递时，以水压机模型为例进行推理，写道："如有一充水容器，除两出口外，其余完全封闭。一个出口比另一出口大 100 倍。设在每一出口中放入一个大小恰好合适的活塞。一个人推小活塞的推力等于 100 个人对大活塞施加的推力，所以一个人的力可以胜过 99 个人的力。"

为什么小力能克服大力呢？帕斯卡认为这和杠杆原理有类似之处。他依照杠杆原理的推理来证明上述结论："由于容器内水的连续性和流动性，压强应遍及容器内各个部分，小活塞把水推动 1 英寸，水就使大活塞推进 1 ％ 英寸。100 磅水移动一英寸与 1 磅水移动 100 英寸，显然是同样一回事。"

也就是说：小力虽然只有大力的 1 ％，但其作用距离却是大力的 100 倍，所以效果是相等的。

接着帕斯卡进一步推理：大活塞的力虽然比小活塞的力大 100 倍，但它与水接触的面积也大 100 倍，所以每部分水的压强即单位面积所受的力和小活塞仍然相等。而大活塞所处的位置是任意的，所以这一关系与大活塞所处的位置无关，与其远近和方向也无关。

于是，帕斯卡就得出了后来表述为帕斯卡定律的明确结论："在密闭容器内，对液体中任何地方施加压力，其压强将毫无损失地经液体传递到各个部分并垂直于液体的所有表面。"

6. 蒸汽机的发明

蒸汽机的历史可以追溯到古希腊时代。公元 50 年，希罗（Heron）发明过一种演示用的蒸汽轮球。当加热后蒸汽从喷嘴喷出时，轮球就会沿相反方向旋转。可是当时这一创造成果并没有得到实际应用，发明者自己也没有这种打算。1000 多年过去了，当工矿业有了发展，才有人试图制造从矿井里排水的蒸汽泵。*1630* 年就有人曾因发明以蒸汽为动力的提水机械而获专利，不过所有活动都只限于设计或试制，没有实用价值。实际上只有德国的巴本（D. Papin）、英国的萨弗里（T. Savery）和纽可门（T. Newcomen）才是蒸汽机的发明者。

萨弗里是英国工程师，他在 *1689—1712* 年间，先后创制了几种蒸汽机。其中有一种直接用于提水的机器，其工作原理是：蒸汽从锅炉通过打开的阀门进入气包，再把水从那里通过活动阀（这时另一活动阀关闭）压到储水池中，当气包中的水所剩无几时，关上阀门，从水箱向气包放水冷却，于是气包内形成负压（负压的意思是这里的气压比大气压低），在大气压的作用下，水从吸筒经活动阀进入气包（这时另一阀门关闭）。如此周而复始，达到连续抽水的目的。这种蒸汽机提水的高度据说只有 *7* 米，每小时可提水十几吨，但它需有人每隔十几秒关一次阀门，如果忘记及时启闭阀门，就有可能引起锅炉爆炸，再加上矿井很深，往往需用几台蒸汽机分几个台阶提水，因而既不经济，也欠安全，所以矿主不大愿意采用。

纽可门的蒸汽机是在萨弗里的蒸汽机的基础上进一步改进的产物。纽可门是一位铁匠。他在活塞上加了一个庞大的摇臂，摇臂的一侧挂有平衡重物，重物下面连着抽水唧筒杆。重物由于自身重量下降时，拉动活塞升起，蒸汽从锅炉经过打开了的阀门进入气包，这时关闭阀门，通过气包的水门打开，冷水从水箱进入气包，使蒸汽冷凝，气包内形成负压。在大气压的作用下，活塞向下移动，将抽水唧筒杆提起。

纽可门蒸汽机的优点是把动力部分的抽水唧筒分开，气压较低，比较安全。后来又有人把阀门启闭的工序改用飞轮，实现了自动化，于是就有不少矿山乐于采用。

纽可门蒸汽机的效率非常低，直到 *1769* 年瓦特（J. Watt）进一步改进后，蒸汽机才得到广泛应用。

瓦特是苏格兰发明家，*1763* 年 *1* 月 *19* 日生于格林诺克的一个工人家庭。由于受家庭影响，他从小就熟悉机械制造的基本知识，*18* 岁他到伦敦一家钟表店当学徒工，学会了使用工具和制造器械的手艺。他利用业余时间刻苦学习，努力实践，掌握了罗盘、象限仪、经纬仪等复杂仪器的制造技术。后来瓦特到格拉斯哥大学，负责教学仪器的修理。他在修理工作中进一步熟悉了纽可门蒸汽机的结构，搞清了它的原理，并找到了效率低的原因。原来，纽可门蒸汽机的汽缸每次推动活塞后都要喷进冷水，使蒸汽凝结，所以汽缸要反复加热，白白消耗掉许多热能。*1769* 年瓦特发明冷凝器，发明了制造精密汽缸和活塞的工艺，创造了单动作蒸汽机。他经过不断试验，又发明了双动作蒸汽机，从汽缸两边推动活塞运动。他利用曲柄机构，使往复的直线运动转变为旋转运动。他还设计了离心式节速器控制蒸汽机的转速。经过他一系列革新，蒸汽机逐步完善，效率也大有提高。工业界广泛采用蒸汽机，促进了工业革命的到来。

7. 莱顿瓶的发明

电，这个无处不在、神出鬼没的幽灵，人类从认识它到驾驭它、利用它，历经了好几百年的时间。在古人眼里，雷电是天神发怒的象征。琥珀摩擦后可以吸引纸屑和草芥；梳头解衣时，往往火花伴随噼啪声随之而来。这类现象可以说是人类认识电的开端，这种认识只局限于一些日常现象。人们既没有认识到电现象的普遍性，更没有触及它的本性。

电学的发展，只靠观察是不够的，必须进行实验，通过实验有目的地去探索，才可能掌握电的规律。而实验进行的关键在于能够人为地产生电，按照人的意志实现各种电现象，从而达到研究和应用的目的。所以，基于摩擦起电的道理出现的摩擦起电机在电学史上占有重要地位。而能产生稳定电流的伏打电池，则进一步使人类能够研究和利用电流的各种效应。我们这里就从摩擦起电机的发明讲起，再介绍化学电池的发明和电学基本规律的发现，以及电流磁效应和电磁感应现象的发现。

1660 年前后，在前面提到的那位发明真空泵的德国市长格里克创制了一种机械装置，可以连续摩擦生电。他取一个儿童脑袋一般大的球形玻璃烧瓶，把碎硫黄放进瓶里，一起加热，使硫黄熔融，在加热过程中不断加硫黄，最后瓶里充满熔化了的硫黄。再插入一根木柄，等硫黄冷却后，打破玻璃，得到一个漂亮对称的硫黄球。他把硫黄球支在木架上，让硫磺球转动，同时把一只手按在球上摩擦，于是硫黄球就会显示出像地球吸引万物般的特性。格里克还发表了另外一张图。实验者正举着带电的硫黄球，球体移到哪里，那里的一切轻质物体都受到吸引。纸片、羽毛纷纷朝它飞来，水球滚动，枯叶摇晃。手指靠近，闪光、爆破声，与雷电无异。

为什么格里克会想到用一个旋转的硫黄球来做实验呢？原来他并不是单纯为了演示电现象，而是为了证明地球吸引力乃是某种"星际的精气"，他的真空实验，也和这个总目标有关。

格里克的硫黄球实验确实模拟了地球的吸引作用，甚至他还显示了硫黄球的引力比地球吸引力大。然而，他也发现两者有不同之处。在硫黄球周围，也会有物体被排斥，羽毛在硫黄球和地板之间会上下跳动。格里克开始领悟到，重力并不能归结于电力，它们各有特点。接着，格里克又做了许多电学实验，其中包括电的传导和静电感应，可惜没有得到别人的重视。

　　格里克发明摩擦起电机的消息和他的真空泵一起在欧洲各国传开了。人们竞相仿制并改进他的起电机。人们发现，格里克的摩擦起电机其实不必把玻璃瓶打碎，甚至不用硫黄，直接用玻璃瓶就可以做实验。很多人对电感兴趣，有的是为了研究电的性质，有的则是为了让王宫贵族取乐而用于表演魔术，但是在有意无意的探索活动中，逐渐摸清了电的性质。

　　牛顿对电学也很感兴趣。*1657* 年他用玻璃球起电机研究了电的吸力和斥力、火花放电等现象。*1703* 年 *12* 月 *5* 日，英国皇家学会热闹非凡，这一天他们有两件新鲜事。一件是牛顿就任皇家学会主席，一件是牛顿任命他的助手豪克斯比（F. Hauksbee）担任实验师，牛顿希望在皇家学会提倡实验，恢复实验空气。豪克斯比当众表演了精彩的真空放电实验。他用摩擦起电机使真空发出光辉，说明真空也会产生电的现象。

　　进一步的实验，豪克斯比还用棉线显示了电力，演示了"电风"。他做了一块玻璃圆柱体，长 *17.78* 厘米，直径也为 *17.78* 厘米，周围是一根木箍，上面等距离地连着许多条棉线，当他旋转并摩擦圆柱体时，棉线沿半径方向伸直，趋向一个中心。豪克斯比没有忘记他的恩师，他把这一事实联系到牛顿的宇宙学说，解释说：这些线条就像是受到了重力，沿直线方向吸向中心。

　　1720 年又有一位英国人叫格雷（S. Gray），他对电的传导进行了研究，发现摩擦过的玻璃所带的电可以转移到木塞上，再经细绳传到 *20* 米以外的骨质小球。他还让一个小孩做人体带电实验。他用丝绳把小孩吊在顶篷下，在小孩身下放许多轻质物体，如羽毛之类。然后将摩擦过的玻璃管接触小孩腿部，结果小孩的手和头部都能吸引羽毛。格雷通过实验，发现了电的传导性，而且分清了导体与绝缘体。

　　下一步的进展是法国的杜菲（DuFay）做出的。格雷的实验引起了他很大的兴趣，他总结了前人的经验，提出了许多问题，例如：

①是不是所有物体都可以靠摩擦带电，电是不是物质的普遍属性？

②是不是当所有物体接触或靠近带电体时都可以获得电？

③哪些物体会使电的传递停滞，哪些利于电的传递？哪些物体最容易被带电体吸引？

④斥力和吸力之间有什么关系？它们之间是否有联系，抑或是完全独立的？

⑤在虚空处、在压缩空气中、在高温下，电的强度是增还是减？

⑥电和产生光的能力之间有什么关系？这是大多数带电体的共同特性。这一关系可以得出什么结论？

为了解答这些问题，杜菲进行了一系列实验。他首先发现能够带电的不仅限于琥珀之类的物品，任何东西，包括金属都可以带电，于是他纠正了前人将物体分为"电的"和"非电的"两类的做法。为了证实一切物体都可以带电，杜菲以自己的身躯做实验。他让助手用绳子把自己悬吊在天花板上，然后带上电；当另一个人接近他时，从他身上发出电火花，产生噼噼啪啪的声响。

杜菲最大的贡献是分清有两种电。他把两小块软木包上金箔，用丝线悬挂在天花板下，取一玻璃棒，用丝绸摩擦后，分别接触这两块软木，结果软木互相排斥。他又做了一个实验，取一松香棒，用羊皮摩擦后接触一软木，而用丝绸摩擦后的玻璃棒接触另一软木，结果发现两者互相吸引。他再用其他许多材料继续实验，发现有的相互吸引，有的互相排斥。于是杜菲认定电有两种。他把玻璃产生的电称为"玻璃电"，松香产生的电叫"松香电"。

莱顿瓶的发明使电学研究又上了一个台阶。1745 年，德国的克莱斯特（E. G. Kleist）做了一个实验。他用铁钉把电通到窄口药瓶中，瓶中盛水，瓶子与其他物体绝缘。原来他是想把电存在水中。读者也许会觉得他的想法太幼稚，请不要讥笑他，原始的观念往往导致科学的重大发明。克莱斯特试验果然有一定效果，他再用铁钉将瓶内的水和外界接通时，出现了强烈的放电现象。

克莱斯特没有放过这一现象，而是进一步寻找储存电的规律。他发现，瓶口及外表面必须干燥，如果瓶里装的是水银或酒精，效果更好。

克莱斯特把这一发现写信告诉了好几位友人，他们都回信说重复做了实验却没有能够得到同样的结果，原来克莱斯特在信中少说了一句话：实验者在用钉子通电时，要手持瓶子的外表面，人站在地上（也就是说，瓶子的外表面必须接地）。由于这个原因，克莱斯特的发明没有引起人们的注意。

与此同时，另外有一位实验家在荷兰也做了类似的实验。他是莱顿大学物理学教授穆欣布罗克（P. Musschenbruck）。他把金属枪管悬挂在空中，与起电机连接，另外从枪管引出一根铜线，浸入盛水的玻璃瓶中，助手一只手拿着玻璃瓶，穆欣布罗克在一旁摇摩擦起电机。正在这时，助手无意识地将另一只手碰到枪管，顿时感到电击。于是穆欣布罗克自己来拿瓶子，当他一只手碰到枪管时，果然也遭到强烈的电击。

穆欣布罗克不久在给友人的信中写道："蒙上帝怜悯，我才免于一死。就是为法兰西王国我也不愿再冒这个险了。"信中他详细描述了实验的条件，所用器材和人的姿势。写得如此真切，令有冒险精神的读者无不跃跃欲试。后来这封信公开发表，许多人重复了他的实验，莱顿瓶也由此得名。

在用莱顿瓶做试验的人当中，有一位法国电学实验家叫诺勒特（J. A. Nollet）最为出色。他改进了莱顿瓶，大大地提高了电的容量。

1748 年他在巴黎让二百多名修道士在巴黎修道院前手拉手排成圆圈，让领头的和排尾的手握莱顿瓶的引线。当莱顿瓶放电时，几百名修道士同时跳起来，使在场的贵族无不目瞪口呆。诺勒特组织的表演使电的声威达到了高潮。

8. 傅科摆的发明

胡克曾在 *1679* 年给牛顿去信，询问地球表面上落体的轨迹。他问牛顿：如果考虑地球在公转之外还有自转，空中一物体下落的轨迹是怎样的？如果在地球内部物体落在地心附近又会怎样？牛顿在复信中回答：由于地球自西向东转，空中一物体向地心落下的轨迹应向东偏离垂直线，至地心附近沿一螺旋线落向地心。胡克对牛顿的回答很不满意。再次去信指出：根本不类似于一螺旋线，不如说是某种椭圆，沿与赤道平面成 *51°32'* 的斜面向东南方向落下。胡克这一提示使牛顿吃了一惊，认识到自己对地球的运动了解得不够清楚。胡克这一很有分量的提示不是凭空提出来的，他详细研究过落体运动。

据说，他曾做过子弹从高处下落的实验，并证明了子弹落点总要落到通过垂直悬吊着的同样的子弹所求出的垂直点的东南方向。如果这一传闻属实，胡克的落体实验应该算是最早能证明地球自转的实验了。

这样的实验直到 *19* 世纪还有人在做。因为自从哥白尼提出日心说以来，虽然经过长期的论证，人们对地球的运动已经深信不疑，但还缺少直接的实验以证明地球的自转。这类实验是很有价值的，因为由此可以进一步研究与地球自转有关的许多自然现象。

不少人致力于用落体证明地球的自转。例如，*1791* 年加格利耳米尼（G. B. Guglielmini）从波洛尼亚的塔上、1802 年本岑伯（J. F. Bengenberg）从汉堡的塔上都做了落体实验，专门研究这个问题。1833 年德国的莱希更进一步找了一个矿井做落体实验。这个矿井在德国萨克森，井深 188 米。莱希在 106 次独立的观测中得到的平均偏离为 28 毫米，方向是东偏南。但是，所有这些实验都无法直接向广大观众演示，因为偏离过于微小，气流的干扰会严重影响实验结果。

以实验方法为地球自转提供直接证据的是傅科（J. B. L. Fou-cault）的摆锤实验，也就是有名的傅科摆。

傅科是法国著名实验物理学家，他学过医学，当过几年医生，后来转向物理学的实验研究。1845 年，傅科任《辩论》报的科学记者，经常为科学专栏撰稿，介绍当代科学的新进展。同时，他也在自己家中开展物理实验。他研究过照相术，并用之于天文摄影。他对摆和地球自转问题的兴趣，正是起因于天文观察。1845 年，他和斐索（A. H. L. Fizeau）合作，曾拍摄到太阳的照片，后来又想拍摄星体照片，这就需要进行长时间的曝光，望远镜系统在拍摄过程应能连续保持指向天空中的目标。为了控制望远镜系统的运动，使它能跟踪目标，傅科依照 17 世纪惠更斯未曾实现的圆锥摆钟的设计方案，做了一台特殊的钟。他用一根钢棒支撑摆锤。在实验过程中，他注意到，当把钢棒夹在车床的卡子上，用手转动车床时，钢棒振动总是要维持它原来的振动平面，不随车床转动。

这一不期而遇的现象，引起了傅科的兴趣，使他想到可不可以用类似的方法做一个表演来证明地球的自转。他知道这是一个很有价值的实验。

1851 年 1 月 8 日，傅科在他家里的天花板下用 2 米长的钢丝吊一个 5 千克重的摆锤，组成可沿任意方向摆动的摆。在摆动的最高处用一根丝线拉住，然后用火烧断丝线，摆就开始摆动。傅科发现，摆动平面不断旋转，逐渐转向"天球昼夜运动的方向"。随后，傅科又在巴黎天文台的大厅里，用 *11* 米长的摆锤重复这一实验。*1851* 年 *2* 月 *3* 日，傅科向法国科学院报告了他的发现，宣布摆动平面所描绘的圆的大小与纬度的正弦成反比。这个实验不久又按比例扩大规模，搬到巴黎的伟人祠去做。一个 *28* 千克的重球用 *67* 米长、*1.4* 毫米粗的金属丝挂起。伟人祠挤满了观众，这个实验引起人们极大的兴趣。

傅科是一位很有才华的实验物理学家。他还在光速的测量上有过重大的发明创造。

9. 避雷针的发明

1746 年，在美国波士顿举行的电学实验讲演会上，有一位听众入神地听着莱顿瓶实验的故事，他就是富兰克林（B. Franklin），那时他已 *40* 岁。他是美国著名的政治活动家和外交家，原先当过印刷学徒工，自学成才，对自然科学很感兴趣，但直到 *40* 多岁，才有功夫从事电学研究。

他第一个提出电荷概念，用数学上的正负概念来表示两种电荷的性质，并且通过实验确定电荷守恒定律。大家都知道，避雷针是富兰克林的一项重大发明，由于有了避雷针，人类避免了许多天然灾害。然而，富兰克林发明避雷针，原本并不是为了解决现实生活中的难题，而是出于对天电的探索研究。他的这项研究成果，不但有助于破除人们对自然的迷信，认识了雷电的真实性质，而且对电学的发展有重大意义。

自古以来，天电、地电互不相关，地面上人们已经进行了许多实验，对电的性质已有所了解，但对天上的雷电却仍感到神秘莫测。

到 18 世纪中叶，已经有不少人认为闪电和电火花类似。富兰克林也和他们一样，不过富兰克林的认识比别人深刻。例如，他在一封书信中列举了电流体与闪电在如下特点上一致：①发光；②光的颜色；③弯曲的方向；④快速运动；⑤被金属传导；⑥爆发时有霹雳声或噪声；⑦在水中或冰中仍能维持；⑧劈开它所通过的物体；⑨杀死动物；⑩熔化金属；⑪使易燃物燃烧；⑫硫黄气味。

然而他又认为，仅仅靠对比，还不足以做出科学论断。要确证天电、地电的一致性，最好的证据是捉住天电，也就是把天电引到地面上来做对比实验。为此他提出了一个方案，在高处安一岗亭，利用尖端把低云掠过时所带的电引到地面上来。

第一个按照富兰克林建议进行实验的是法国的达里巴尔德（T. F. Dalibrard）。他在巴黎近郊马里村的高地上建造了一所岗亭，岗亭上树立起高约 14 米的铁杆。1752 年 5 月 10 日，黑云压天，雷雨将临，达里巴尔德和他的同事成功地把天电引进了莱顿瓶。5 月 13 日，他向法国科学院报告了这一实验，并且说，实验的成功不但证明了闪电和电的等同性，还表明可以利用富兰克林的方法保护房屋建筑免遭雷击。

从此，到处都在重复金属尖端做避雷器的试验。富兰克林则认为，巴黎实验中用的铁杆还不够高，难以证明电是从云端引下来的，一个新的思想掠过他的脑海，何不用风筝把天电引下来做试验呢？于是，他用两根轻的杉木条做成小十字架，用丝绸手帕蒙上，扎好。取一根尖细铁丝固定在十字架的一头，伸出约半米长，拴上牵引风筝的亚麻绳，亚麻绳的下端接丝绸带，在接头处挂一把钥匙。在他儿子的陪同下，他把风筝放上天，只等雷雨天气的到来。1752 年 10 月 19 日他在给友人柯林孙（P. Collinson）的信中描述了实验的情况。由于雨水打湿了风筝和牵引风筝的亚麻绳，云层中的电沿湿绳传到莱顿瓶里。等雨过后，拆下莱顿瓶，再按通常的方法使莱顿瓶放电，放出的电跟用摩擦起电机产生的电毫无两样。富兰克林写道："由此即可完全证明电物质和闪电纯属同一回事。"

富兰克林还做过一个有名的金属桶实验，目的是设法从带电的金属桶内取出电来，他用木髓球与金属桶的内表面接触，看木髓球是否带电，可是无论如何都无法使木髓球带电。富兰克林只好写信给他的英国朋友请教，这一请教，竟使富兰克林发现了一个新定律，这个新定律甚至奠定了电学的基础。这就是所谓的库仑定律。

10. 电报和电话的发明

19 世纪上半叶，由于电学研究的开展和电磁方面的新发现，社会上激起了广泛的热情，急切希望把这些科学成果应用于生活和生产中，其中电报和电话的发明和改进，尤其具有突出而深远的影响。

首先发明了电磁式有线电报。早在 *18* 世纪初，当格雷发现电传导性后，人们就开始探索如何用电进行通信，许多方案被提了出来，有的还试着实践一番。例如：*1774* 年瑞士有一位工程师叫勒萨奇，利用摩擦起电，实现了最早的有线电通信；*1787* 年西班牙的贝坦考特用莱顿瓶实现了电报传递；*1809* 年法国人赛梅林发明电化学电报机，通过电解的气泡来反映传递的信号。然而，由于传递速度太慢，信号不够准确，这些努力都没有取得成功。

19 世纪二三十年代发现了电磁感应，做成了电磁铁，当时的条件就不同了。许多人在不同的地方，不约而同地提出了用电磁效应传递电报的各种方法，纷纷宣布发明了有线电报。

有趣的是，物理学家和工程师提出的许多方案大多因不满足实际需要而被淘汰，真正经得起考验的却是一位不懂电学的画家莫尔斯（S.Morse）所发明的电磁式电报机。莫尔斯电报机并没有什么深奥的原理，可贵的是这位发明者的探索精神和执著追求。

在他之前，著名物理学家安培（A. M. Ampere）曾建议用磁针的偏转指示信号。26 根导线对应 26 个字母，磁针放在接收一端的字母旁边，信号电流通过导线，磁针就偏向一定的方向，指示出电报中相应的字母。1832 年，俄国人希林根据这一建议，发明了一台用 6 个磁针的偏转来表示字母的磁针式电报机，并用 6 根导线把收、发两端连接起来，在两座大楼间成功地进行了信号传递。

1833 年，又有两位物理学家高斯（J. K. F. Gauss）和韦伯（W. Weber）合作，做成磁强计电报机。他们只用了两根导线和一个磁针就实现了信号的传递，可以远距离地传递电报。但也只能在实验中做表演用，仍无实用价值。

真正具有实用价值的是美国人莫尔斯 1837 年发明的电磁式电报机。莫尔斯青年时代到欧洲学绘画，1832 年在返回美国的轮船上，偶然在聊天中听到同船旅客杰克逊谈起电磁铁的神奇功能，他非常感兴趣。当他得知电流可经导线以极快的速度传导，立即想到能否用电流传递信息。尽管自己的电学和机械方面的知识很贫乏，仍决心投身于试制工作。他虚心向化学家盖尔和电学家亨利请教，坚持不懈，亲自动手做各种试验。1837 年终于做成了第一台实用的电磁式电报机。开始，他用三种符号代表数字或字母：产生电火花、不产生电火花和电火花间隔的长短这三种情况代表三种符号。这三种符号的适当组合就代表数字或字母。

后来他又发明了一套用点和线代表字母和数字的符号，这就是一直使用至今的莫尔斯电码。

1840 年，莫尔斯的电报机取得专利。后来又几经周折，取得美国国会的资助，在华盛顿和巴尔摩之间架设了一条相距 64 千米的试验性电报线路。1844 年 5 月 24 日终于成功地拍发了第一份长途电报。莫尔斯从外行变成了内行，成为一名电报专家了。

电话的发明要晚一些，但是它的萌芽却比电报还早。据文献记载，1684 年，英国物理学家胡克曾在英国皇家学会做了一次关于通讯的演讲。他提出经远距离传输话音的建议。他说，他曾用一根拉紧的导线传送话音，相距 200 米可以听到耳语声。把距离加大 10 倍，可能还会听到。

1837 年，美国医生佩济发现一种现象：当铁的磁性迅速改变时，会发出一种悦耳的声音。经过反复试验，发现声音的响度随磁性变化的频率变化。这一新现象引起了大家的注意，很多人重复他的实验。

1844 年发明电报，许多人希望运用电报的原理来传递话音。有人建议，用一只活动磁盘，当人靠近磁盘说话，同时让磁盘连续地接通和切断电源时，就可以使一定距离之外的另一只磁盘产生完全相同的振动。大约在 1860 年，德国的赖斯第一次用电发送了一段音乐。他把自己的装置称为"telephone"（电话）。赖斯的发送器中装有用薄羊膜做成的膜片，安有铂接点，接点上安一根铂针起调节作用。接收器中有一个电磁铁，是用一根编织用的钢针绕上导线做成，装在一块发音板上，发送器和接收器都跟电源串联。当接通发送器的接点时，膜片振动，产生间隙电流。电流传到接收器，磁针长度发生变化，发音板振动发出声音。

1875 年，有两个美国人同时在研究电话传输的方法。一个叫格雷，他的方法跟赖斯差不多，不同的是在薄膜上加一根小铁杆，铁杆的另一端浸入电解液中，充当电解液的电极。当声音激励膜片时，小铁杆振动，电极在电解液中的深度忽大忽小地变化，电流也跟着变化。电解液的办法固然巧妙，使用起来却很麻烦，因此需要改进。正当格雷提出改进计划时，另一位美国人捷足先登，做出了比较理想的送话器。他就是著名的发明家贝尔（A. G. Bell）。贝尔是声学专家，祖传三代都献身于聋哑人的教育事业。1874 年，他想到用电磁感应的方法把声音变成电信号，可是接收到的电流可能太弱，没有成功的把握。

1875 年 6 月 2 日下午，贝尔和他的助手沃森正在从事电报机的研究，一个偶然的事件使他们发现了解决问题的关键。当时他们两人分在两间屋子里联合做实验。沃森看管的电报机上的一个弹簧突然被磁铁吸上了。沃森把吸住的弹簧拉开。这时正在另一间房子里的贝尔发现那里的电报机发出连续的颤声，原来这台电报机的弹簧也开始了颤动。细心的贝尔立即抓住了这个偶然事件，他想：如果对着铁片讲话，声音就会引起铁片振动。如果在铁片后面放有绕着导线的磁铁，铁片振动时，就会在导线中产生忽大忽小的感应电流。这个感应电流顺着电路传送到对方，可使另一个同样的装置发生同样的振动。这样，声音就可以从一方传到另一方了。贝尔把这个想法告诉沃森，两人立即开始行动起来，经过一段时间的安装和试验，终于研究出了一种新型的能传话的设备，这就是电话机。

11. 留声机和电灯的发明

电报和电话的发明，是电磁学的两项实际应用，其对人类文明的发展有极大影响。在改进电话机的过程中，有一位大发明家做出了又一件极有意义的发明——留声机。这位大发明家就是妇孺皆知的爱迪生(T. A. Edison)。爱迪生出生于美国俄亥俄州小镇的一个农民家庭。他一生中共完成了 2000 多项发明，被人们称为"发明大王"。

爱迪生从小爱动脑筋，有强烈的好奇心，遇事总要刨根问底。

他喜欢亲自动手，做各种科学实验，特别是物理和化学方面的。他甚至把自己家里的地窖也变成了自己的化学实验室，12岁时，小爱迪生到火车上卖报，竟把行李车当成了实验室。他利用一切条件和所有空余时间投入发明创造。1873年，他发明双重发报机和四重发报机，1877年发明留声机，1879年发明白炽电灯，为了使电灯能广泛使用，他研究出了并联电路、保险丝、绝缘材料、输电网络，制成了当时容量最大的发电机。他还发明了铁镍蓄电池、吸音器、水雷检测器、活动影片等等。1883年，他在研制电灯的过程中，还发现了金属表面的热电子发射现象。这一现象通称"爱迪生效应"。

在爱迪生众多的发明中，留声机和白炽电灯对人类生活产生的影响最大。1875年美国人贝尔发明电话，爱迪生在改进电话的过程中，发明了炭精话筒。在调试话筒时，他把一根细针触到话筒的膜片上，用来检测膜片的振动情况。他发现，当人说话的时候，人的声音使细针按同样的节奏振动。这时爱迪生想，如果使细针带动膜片振动，不就可以使声音复原了吗？经过好几天的试验，终于找到了存储声音的办法。他拿一张蜡纸当膜片，针尖对准急速旋转的蜡纸，在蜡纸上出现深浅不同的痕迹，这样就把声音的振动记录在蜡纸上了。后来他请技师按他的设计做了一台会说话的机器。这台机器有一根固定在膜片上的小针，小针下面有一个能转动的圆筒，圆筒上铺有锡箔。声音使膜片振动，再带动小针上下颤动，小针的颤动就在锡箔上刻出有深有浅的刻槽。爱迪生用这台机器把歌声记录在锡箔上，接着再重新把小针放在刻槽上，转动圆筒，小针在刻槽里上下颤动，又带动膜片振动。结果，刚才唱的歌又重新放了出来。这就是最早的留声机。这台会说话的机器刚一问世就轰动了美国。

1878年9月，爱迪生在一个博览会上看到一种能产生耀眼光芒的电灯。不过，这种电灯并不是今天人们普遍使用的白炽灯，而是通过强大电流的弧光灯。电弧虽然光芒四射，非常引人注目，但却不能持久，而且耗电极大，需要昂贵的化学电池多个串接，实在是既不经济，又不实用。爱迪生和大家一样，深知社会上迫切需要光线柔和、价格便宜、安全耐用的电光源，他立志要解决这个问题。在这之前，英国人斯旺已经展示过一种碳丝电灯。遗憾的是，斯旺并不能保持碳丝长时间发光。困难在于他没有找到适当的方法使碳丝处于高真空的环境中，所以碳丝很快就烧掉了。

爱迪生一方面寻找合适的通电灯丝，一方面努力改进真空的抽取工艺。他先采用最贵重的金属——铂做成灯丝，经过反复试验，证明铂丝并不符合要求。为此他花了5万美金和整整一年时间。为了选用理想的灯丝材料，他几乎用遍了各种金属，对1600多种耐热材料做了几千次试验。最后，在1879年10月他以碳化棉丝作为灯丝制成白炽电灯泡，通电点燃，连续点燃了40多小时。这是第一个可供使用的白炽电灯。次年1月27日爱迪生获得了有关电灯的专利。

1879年除夕，美国新泽西州的门洛帕克市的主要街道用爱迪生发明的电灯照耀得如同白昼，这是爱迪生手下的人向参观者做公开表演。人们赞不绝口，纷纷认为，这将对社会文明和人类生活起到不可估量的影响。一个世纪的进程表明，这一评价一点也不过分。

爱迪生是最了不起的发明家。他把科学成果率先运用于生产技术和社会经济。他建立了第一所工业研究实验室，请了8位科学家协助他工作。这所实验室是一个名符其实的发明工厂，几乎每5天就有一项新发明在这里问世。

爱迪生是一位非常讲究实际的科学家。他认为满足人类的需要就是他工作的目标。他的座右铭是："我探求人类需要什么，然后我就迈步向前，努力去把它发明出来。"也许有人会说，爱迪生是个天才，他做出这么多发明是命运的结果。可是爱迪生却说："天才，百分之一是灵感，百分之九十九是汗水！"爱迪生的勤奋可以从他留下的工作日志看出。他一生共写下了约 3400 本详细记录发明设想、实验情况的笔记。

爱迪生以异乎常人的毅力从事工作，一旦有新的想法，他就会全力以赴、风驰电掣般地突击，务求实现预定目标。为了实现一种新蓄电池的设计方案，爱迪生竟连续试验 8000 多次。

伟大的发明家爱迪生为人类作出了巨大贡献，值得后人永世不忘。

12．无线电报的发明

电报是人类社会发展到资本主义，迫切要求能进行远距离快速通信的产物。在 19 世纪上半叶就有许多科学家从事这方面的发明创造。莫尔斯在 1837 年成功地发明了电码，很快就建立了长距离的通讯网和横跨大西洋的电缆。但是架电线、铺电缆都是很费事的事情。如果能不经电线、电缆而直接传递信息，岂不是更为方便？于是无线电报应运而生。应该说，在赫兹（Hertz）发现和证实电磁波的时代就已经有可能发明无线电报了。但是，一件新生事物的出现并不总是一帆风顺的。在这以后，有多起利用电磁波传递信息的尝试，如法国的布朗利（E-Blanly）、英国的洛奇（O. Lodge）、新西兰的卢瑟福（E. Rutherford）、美国的忒斯拉（M. Tesla，）都对无线电通信做过有益的尝试。俄国的波波夫还公开表演过他的无线电收发报机，却没有得到应有的支持。而马可尼（GuglielmoMarconi）1895 年在自家的花园里成功地进行了无线电波传递实验，次年即获得了专利。

马可尼是意大利人，1874 年 4 月 25 日出生于意大利的博洛尼亚

（Bologna）。他的父亲是一位乡绅，母亲是爱尔兰人，因此他从小会说英语。马可尼虽然没有进过大学，但由于他家境富裕，延请了意大利的著名学者作为家庭教师在家里给他上课。还在少年时期，他就对物理和电学有很浓厚的兴趣，读过麦克斯韦、赫兹、里希（Righi）、洛奇（Lodge）等人的著作。1894 年，马可尼偶然读到一篇记述 8 年前赫兹发现电磁波的文章，很受启发。他想：是不是可以用电磁波传递信号呢？于是，他采用赫兹的方法产生电磁波，在远处用粉屑检波器来检测。粉屑检波器实际上是一只松散的放有金属粉屑的容器，它平时几乎不导电，一旦电磁波通过，在电磁波的作用下，物质状态发生了变化，就变成能够导电的良导体，这样就显示出无线电信号。无线电波就这样转换成了易于检测的电流。马可尼逐步改进自己的装置，将发射机和接收机都接地，再用一根与大地绝缘的金属线作天线，这样，就可以使发送和接收都变得更有效。天线的利用并不是马可尼开创的，波波夫比他先用上了天线，但是马可尼比较幸运，他的发明及时地得到了英国官方的支持，这大概是因为有不列颠血统的缘故。1896 年，由于意大利对他的工作不感兴趣，马可尼便携带自己的装置到了英国，在那里他被介绍给邮政总局的总工程师普利斯（WilliamPreece）。这年年末马可尼取得了无线电报系统世界上第一个专利。他在伦敦、萨里斯堡（Salisburg）平原以及跨越布里斯托尔湾成功地演示了他的通信装置，信号传递的距离增加到了 14.48 千米。1897 年 7 月，马可尼成立了"无线电报及电信有限公司"（后来改名为"马可尼无线电报有限公司"）。

1897 年，马可尼回到意大利，在斯佩西亚（Spezia）向意大利政府演示了 19.31 千米的无线电信号发送。1898 年，他再次来到英国，把发送距离加大到 28.97 千米。1899 年，他建立起了跨越英吉利海峡的法国和英国之间的无线电通信。他在许多地方建立了永久性的无线电台。英国著名物理学家开尔文勋爵十分欣赏他的工作，特意付费请马可尼发送一份电报，向年迈的斯托克斯致意，这成了世界上第一次使用无线电报的业务。那一年，在金斯顿举行的赛艇会上，马可尼成功地用自己的信号机报道赛艇比赛的消息。

1900 年马可尼为其"调谐式无线电报"取得了著名的第 7777 号专利。他的事业发展得很顺利。但是当时人们对这项新发明难免有所疑虑，其中最大的疑虑是无线电波应该走直线，而地球表面却是圆球形，怎么可能远距离传送到地球的其他地方呢？可是马可尼根据自己的实际经验认为，无线电波会沿地表传送，假如把发送台和接收台都接地，更应该沿地表传送。他决定用他的发报系统证明无线电波不受地球表面弯曲的影响。他精心设计了实验方案，用气球把天线尽可能吊高，试图让无线电信号从英国的西南端（康沃尔郡的波特休）发送到加拿大纽芬兰省的圣约翰斯，跨过大西洋，距离为 3379.53 千米。1901 年 12 月 12 日，这是具有历史意义的一天，马可尼试验获得了成功。爱迪生对此给予公开赞扬。马可尼的大胆试验打破了传统的看法，引起公众极大的兴趣。第二年他的实验结果就得到了解释。肯涅利（A. E. Kenelly）和亥维赛（O. Heaviside）提出，可能是在地球外层空间存在能使电波反射的电离层。这一论点直到 20 世纪 20 年代才由英国物理学家阿普顿（E. V. Appleton）用无线电实验得到证实。

1903 年开始，从美国用无线电向英国《泰晤士报》传递新闻，当天见报。到了 1909 年无线电报已经在通信事业上大显身手。在这以后许多国家的军事要塞、海港船舰大都装备有无线电设备，无线电报成了全球性的事业，因此马可尼在 1909 年和布劳恩（KarlBraun）一起获得了诺贝尔物理学奖。

布劳恩是德国人，1850 年 6 月 6 日出生于德国的富尔达（Fulda）。

他在此地接受了地方普通中学的教育。他曾在马尔堡大学、柏林大学学习过，1872 年毕业，他的毕业论文是关于弹性弦的振动。后来他在维尔茨堡大学担任过昆开（Quincke）教授的助手，1874 年受聘到莱比锡的圣托马斯中学任教。两年后他受聘为马尔堡大学的理论物理学编外教授，1880 年又被聘请到斯特拉斯堡大学担任同样的职务。1883 年布劳恩成了卡尔斯鲁厄（Karlsruhe）工业大学的物理学教授，并于 1885 年受聘到杜宾根大学任教。他到这里的任务之一是建立一所新的物理研究所。

布劳恩的第一项研究工作是关于弦的振动和弹性棒的振动，特别是棒的振动幅度和周围环境对振动的影响。其他研究工作是以热力学原理为基础的，如压力对于固体的溶解度的影响。

布劳恩的最重要的研究工作是在电学方面。他发表过关于欧姆定律的偏差问题，以及关于从热源计算可逆伽伐尼电池的电动势问题的文章。他的实验使他发明了以他的名字命名的静电计和阴极射线示波器。

1898 年他开始从事无线电报的研究，试图以高频电流将莫尔斯信号经过水的传播发送。后来他又把闭合振荡电路应用于无线电报，而且是第一个使电波沿确定方向发射的试验者之一。1902 年他成功地用定向天线系统接收到了定向发射的信号。

布劳恩的关于无线电报的论文以小册子的形式发表于 1901 年，题目是《通过水和空气的无线电报》。

第一次世界大战爆发以后，布劳恩曾被派往纽约，作为一名见证人去参加一项专利索赔的诉讼。由于他离开了自己的实验室以及身体有病，所以他没有继续进行科学研究工作。布劳恩晚年是在美国度过的，于 1918 年 4 月 20 日逝世于美国。

13．油滴仪的发明

电子电荷的测定，实际上从 *1896* 年就开始了。汤姆逊有一位研究生，名叫汤森德（J. S. E. Townsend），创造了电解法。氧气从电解池 E 中产生后，经过 A 滤去臭氧，经 B 瓶的水发泡产生云雾，穿越绝缘的石蜡块 P 进入浓硫酸容器 c、d、e，气体中的水分及所带电量全部被硫酸吸收，干燥气体进入 D 瓶，用象限静电计 Q 分别测容器 G 和 D 的电量。他让电解产生的带有电荷的氧气，从水中发泡产生云雾，测量云雾下降的速度，借速度与雾滴半径的关系求出雾滴的平均重量，再根据水分的总重量求出雾滴的个数。另外，他收集这些氧气所带电量，用静电计进行测量，所得电量被雾滴个数除，即得每颗雾滴的电荷。他认为这就是电子的电荷。*1897* 年发表的结果是 $e \approx 10^{-19}$ 库，这个结果虽然很粗略，但对确定电子的存在还是很有意义的。不过，汤森德的方法非常烦琐，得到的结果仅仅是平均值。

第二年，汤姆逊改进了利用云雾的实验方法。密闭容器 A 中充有水气和空气，容器上方是一只 X 射线管，X 射线照射容器，使里面的空气电离。下方有一活塞 P，当它突然下降时，会使容器中的气体迅速膨胀而产生过饱和蒸气，然后以离子为核心形成云雾。这个方法比汤森德的电解法略有改善，得到的平均结果是 $e=1.1 \times 10^{-19}$ 库。

过了几年，汤姆逊的另一名研究生威尔逊（Wilson）又将汤姆逊的方法做了改进。他在密闭容器中加了两块水平极板 n、p，并加上电压，使极板中产生电场，然后用显微镜 T（短焦距望远镜，当显微镜用）观察带电云雾在电场作用下的运动情况。他先观测不加电压时，云层顶端在重力单独作用下下降的速度；再观测加电压后，云层顶端在重力和电场力共同作用下加快了的下降速度。比较这两种速度，经过计算，他得到的平均电子电荷值 $e=1\times10^{-19}$ 库。

汤姆逊的学生花了很大力气，希望从实验直接测定电子的电荷值，但是始终只能得到平均结果，没有能够证明电的分立性，这就给反对者留下了借口，继续挑起论战。他们否认电的分立性，不承认有基本电荷，实际上也就是否认电子的存在。

关键是要能精确地测定单个电子的电荷值。这项任务落到了美国物理学家密立根（R. A. Millikan）的肩上。密立根是芝加哥大学教授，他和以测量光速著称的迈克耳逊是同事。1906 年，这时密立根已 38 岁，有一天在学校的讨论会上他给师生们做了关于汤姆逊发现电子的介绍性报告，为了准备这篇报告，他仔细读了汤姆逊。1897 年的论文，深深地被这项工作所吸引。报告会后他就和研究生一起重复威尔逊的平板电极法实验，由于密立根采用镭作为电离剂，代替了 X 射线，电离的效果比较好，得到 $e=1.34\times10^{-19}$ 库。这个结果受到物理学家卢瑟福的赞许，卢瑟福向他指出，如果能防止水的蒸发，也许 e 值还可增大。

为了研究云层蒸发的情况，密立根打算把云层稳定在某一高度，以便连续进行观察。这件事很容易办到，只要改换电场方向，使云层所受电力和重力方向相反，并适当加大电压即可达到目的。

1909 年夏，密立根将电压加到 1 万伏，当他合上电闸时，奇迹出现了。云层哪里稳定得住，竟立即消散离析，带电雾粒以不同速度散开，偶尔有几滴水珠留在视场中闪闪发光，好像天上的星星一样。

他立刻领悟到这几滴水珠之所以停在空中不动，是因为它们所受的电场力正好与重力平衡。既然如此，为什么不可以从平衡的带电水珠求电子的电量呢？

于是，密立根就创造了水珠平衡法。

密立根用水珠平衡法测得了大量数据，证明重量不同的水珠所带的电量，几乎都是某一常数的整数倍，这个常数就是基本电荷值。他的结果是 $e=1.55\times10^{-19}$ 库，跟当时其他方法所得结果很符合。

1909年8月，密立根到加拿大参加科学会议，他报告了自己的工作，受到大会代表的称赞，他也从会议上了解到测量电子电荷的重大意义。就在他乘火车从加拿大返回美国的途中，他正向窗外眺望，突然灵感上心，钟表油是几乎一点也不蒸发的，何不用钟表油来试试呢？于是，当他回到芝加哥后，就立即安排研究生用钟表油做试验。

由于使用不易蒸发的钟表油，液滴用喷雾器由开口喷入即可，实验装置大大简化，操作也方便多了。密立根请技师做两块22厘米直径的圆铜盘，边上垫三块小小的石英片作为绝缘，这就组成了平板电容器。上极板中心钻半毫米的小孔，让喷雾器由此喷进油滴，少数油滴在喷嘴上摩擦，即可带上电荷。平板间加上万伏的电压，用显微镜对准油滴，确定使油滴处于平衡所需电压，由此即可计算油滴所带电量。

1910年以后，密立根又进一步改进实验方法。他让油滴在电场力和重力的共同作用下，上上下下地运动。从上下运动的时间求出速度，然后用X射线或镭照射油滴，使油滴所带电量增多或减小。这时，实验者从显微镜中会观察到油滴运动的速度突然发生了改变，从速度改变的差值就可求出电荷量改变的差值。

实验结果表明，油滴上电荷量的变化总是基本电荷值的倍数。密立根用这个方法得到了精确的基本电荷值为 $e=(1.591\pm0.003)\times10^{-19}$ 库。就这样，密立根以大量实验无可辩驳地证实了电的分立性，为近代物理学的发展奠定了重要基础。

密立根是一位作风严谨、技艺精巧的实验物理学家。他钻研电子电荷的测量工作历经十几年，积累了上千次实验数据。他不断地改进实验方法，结果越做越精。据说，当年好奇的新闻记者登门采访，要求密立根展示他做出惊人成果的仪器设备，密立根再三推托，无奈记者百般恳求，只好照办。他叫实验员用托盘端上一个用圆铜盘做的平板电容器，诙谐地指着电容器对记者说："秘密全在这里。"装置如此简单，使记者惊讶不已。

密立根在 1923 年荣获诺贝尔物理学奖，奖励他发明了油滴仪，从而精确地测定了电子电荷，确定了基本电荷的存在，并且还对他另一项工作予以奖励，这项工作是他在光电效应方面的研究。

14. 质谱仪的发明

阿斯顿（F. W. Aston）是卡文迪什实验室的一名工作人员，曾经协助汤姆逊研究正射线，经过长期实践，发明了质谱仪，从而获得 1922 年诺贝尔化学奖。

1877 年 9 月 1 日阿斯顿出生在英国产业革命的发源地——伯明翰，他的外祖父是枪支制造者，因此他从小就有机会接触金工和手工艺，培养了技艺方面的才能。小时候他就爱做机械玩具，他在自己家里设有金工间，搞过不少工具革新，甚至还自己做成了摩托车。他也很喜爱做化学和真空实验。伦琴发现 X 射线的消息，激励他自己尝试做 X 射线管。为了抽取真空，他发明了一种新型的斯普伦格真空泵，并用以研究放电管中的克鲁克斯暗区。1903 年他发现了一个特殊的暗区，被人称为阿斯顿暗区。1909 年阿斯顿任伯明翰大学物理讲师。

正当这时，汤姆逊在卡文迪什实验室的正射线研究取得一定成果。这个实验技术相当复杂，急需有经验的技师协助工作。于是汤姆逊向好友坡印廷（J. H. Pointing）要人，坡印廷把自己的学生阿斯顿推荐给他。1910 年，阿斯顿来到卡文迪什实验室，当了汤姆逊的一名助手。

汤姆逊的正射线研究已经进行了好几年，并且前后发表了 8 篇论文，这项工作原来是维恩（W. Wien）在 *1898* 年做过的极隧射线研究的延续，但汤姆逊又做了相当多的改进。实验的基本方法是用磁场和电场使正射线偏转，在屏上或照片上显示出抛物线轨迹，从而粗略地计算其荷质比与速度。然而图像很差，有时甚至无法辨认不同成分的轨迹。

阿斯顿参加正射线的工作后，对实验装置做了多项改进。他用大玻璃球壳做低压放电管，设计并制备了一种适于拍摄抛物线径迹的专用照相机，还做了一台非常灵敏的石英微量秤以测量气体分离后的密度。*1912* 年夏，他制成了一台改进的正射线测量仪，把球壳中的空气抽走后，可以从照片上看到一系列的抛物线，这些抛物线分别为 C、O、CO、CO_2、H、H_2 和 Hg 离子的径迹。虽然仪器的分辨率不高，但质量数相差 *10 %* 的抛物线可以分开。

这时，汤姆逊从他的皇家研究所同事杜瓦（J. Dewar）那里要到了做氖管的氖气。当他将氖气充入放电球壳时，出乎意料，原子量为 *20.2* 的氖气竟出现了两条抛物线，一条粗的相当于 *20* 个原子质量单位，另外一条相当于 *22* 个原子质量单位，非常暗淡。

实验者没有放过这个异常情况，后来知道，这实际上是氖的同位素 ^{20}Ne 与 ^{22}Ne，可是 *1913* 年索迪（F. Soddy）还没有完成同位素的工作，甚至连同位素这个名词还没有出现，汤姆逊做了一个初步估计，认为可能是一种特殊的分子 NeH_2，它的分子量正好是 *22*。

但是，阿斯顿不肯接受这个判断，他希望通过事实作出结论。于是他找来最纯的氖气进行试验，结果仍然是两条抛物线，和先前完全一样，这使阿斯顿增强了信心，相信是两种不同的氖。

阿斯顿想从各种不同的途径来证明两种氖的存在，一是分离出这两种不同质量的物质，二是进一步改进正射线偏转法。他先用液态空气冷却的活性炭对氖气进行分馏，没有成功。后又用多孔陶管扩散方法进行分馏，也不见显著效果。*1914* 年开始，他改用自动连续扩散的方法，可惜没有采用低温冷却，效果仍然不大。

不久，战争爆发了，阿斯顿进入伐波鲁（Farnborough）的皇家飞机工厂当化学技术员。他虽然离开了实验室，可是脑子里还经常想分离氖气的问题。他对物理学懂得不多，平常难得有机会跟大科学家们讨论问题。这时正值战争期间，飞机工厂集中了一批物理学家，他利用茶余饭后，和这些物理学家讨论正射线的问题，从他们那里学到了不少的理论知识，甚至包括量子理论。

由于科学家们的鼓励，加上他自己不断地思考，1919 年当他回到卡文迪什实验室后，就马上着手用电磁聚焦的方法来分离两种不同的氖，后来果然获得了成功。阿斯顿把他的仪器称为质谱仪。

汤姆逊在这个问题上显然不如他的助手敏锐，他虽然对 NeH_2，的说法并不太坚持，但也不承认两个成分是氖的同位素。他认为同位素的概念只能用在放射性元素上，直到 1921 年在皇家学会讨论这个问题的时候还持反对态度。

随后，阿斯顿继续用质谱仪分析其他元素，找到了许多元素的同位素，汤姆逊不久也就接受了阿斯顿的观点。

敢于坚持自己的观点，不迷信权威，这可以说是卡文迪什实验室的科学传统。而汤姆逊虽然曾经持有错误观点，但一旦认识到自己错了，就不再坚持。在实践面前人人平等，在真理面前人人平等，不分高低贵贱，这就是科学工作的基本准则。

15. 电子显微镜的发明

1986 年诺贝尔物理学奖一半授予德国柏林弗利兹 - 哈伯学院的恩斯特·鲁斯卡（Ernst Ruska），以表彰他在 30 年代初发明了第一台电子显微镜。

研制电子显微镜的历史实际上可以追溯到 19 世纪末。人们在研究阴极射线的过程中发现阴极射线管的管壁往往会出现阳极的阴影。1987 年布劳恩设计并制成了最初的示波管。这就为电子显微镜的诞生准备了技术条件。1926 年布什（H. Busch）发表了有关磁聚焦的论文，指出电子束通过轴对称电磁场时可以聚焦，如同光线通过透镜时可以聚焦一样，因此可以利用电子成像。这为电子显微镜做了理论上的准备。限制光学显微镜分辨率的主要因素是光的波长。由于电子束波长比光波波长短得多，可以预期运用电子束成像的电子显微镜得到比光学显微镜高得多的分辨率。

恩斯特·鲁斯卡 1906 年 12 月 25 日生于德国巴登市海德堡。他的父亲是柏林大学历史学教授。1925—1927 年，鲁斯卡上中学时就喜欢工程，并在慕尼黑两家公司学习电机工程。后随父到了柏林，1928 年夏进入柏林恰洛廷堡的柏林技术大学学习，在大学期间参加过高压实验室工作，从事阴极射线示波管的研究。从 1929 年开始，鲁斯卡在组长克诺尔（M. Knoll）的指导下进行电子透镜实验。这对鲁斯卡的成长很有益处。

1928—1929 年期间，鲁斯卡在参与示波管技术研究工作的基础上，进行了利用磁透镜和静电透镜使电子束聚焦成像的实验研究，证实电子束照射下直径为 0.3 毫米的光缆可以产生低倍（1.3 倍）的像，并验证了透镜成像公式。这就为创制电子显微镜奠定了基础。1931 年，克诺尔和鲁斯卡开始研制电子显微镜，他们用实验证明了为要获得同样的焦距，使用包铁壳的线圈，其安装的线圈匝数要比不包铁壳的线圈小得多。1931 年 4—6 月，他们采用二级磁透镜放大的电子显微镜获得了 16 倍的放大率。通过计算他们认识到，根据德布罗意的物质波理论，电子波长比光波波长短 5 个数量级，电子显微镜可能实现更高的分辨率。他们预测未来的电子显微镜，当加速电压为 *7.5* 万伏，孔径角为 *2×10⁻²* 弧度时，衍射限制的分辨率将是 *0.22* 纳米。

　　1932—1933 年间，鲁斯卡和合作者波里斯（Borries）进一步研制了全金属镜体的电子显微镜，采用包有铁壳的磁线圈作为磁透镜。为了使磁场更加集中，他们在磁线圈铁壳空气间隙中镶嵌非磁导体铜环，并将铁磁上、下壳体内腔的端部做成漏斗形（磁极靴），使极靴孔径和间隙均减小到 *2* 毫米，而且焦距减小到 *3* 毫米。*1932* 年 *3* 月，波里斯和鲁斯卡将此项磁透镜成果申请了德国专利。

　　1933 年，鲁斯卡在加速电压 *7.5* 万伏下，运用焦距为 *3* 毫米的磁透镜获得 *12 000* 倍放大率，还安装了聚光镜可以在高放大率下调节电子束亮度。他拍摄了分辨率优于光学显微镜的铝箔和棉丝的照片，并试验采用薄试样使电子束透射而形成电子放大像。

　　1934 年鲁斯卡以题为《电子显微镜的磁物镜》的学位论文获得柏林技术大学工学博士学位。*1934—1936* 年，鲁斯卡继续进行改进电子显微镜的实验研究。他采用了聚光镜以产生高电流密度电子束来实现高倍放大率成像，采用物镜和投影镜二级放大成像系统。可是，当时他们的发明并未立即获得学术界和有关部门承认，鲁斯卡和波里斯努力地说服人们，使他们相信可以研制出性能超过光学显微镜的电子显微镜。他们多次到政府和工业研究部门以争取财政支持。经过 *3* 年的奔走，*1937* 年春西门子 - 哈斯克公司终于同意出资建立电子光学和电子显微学实验室。许多青年学者纷纷前来参加研究工作。

　　恩斯特·鲁斯卡从 *1937* 年开始着手研制商品电子显微镜，*1938* 年制成两台电子显微镜，且带有聚光镜，配以具有极靴的物镜及投影镜，备有更换样品、底片的装置，可获得 *30 000* 倍放大率的图像。恩斯特·鲁斯卡的弟弟哈尔墨特·鲁斯卡（Helmut Ruska）和其他医学家立刻用来研究噬菌体等，获得很大的成功。*1939* 年，西门子 -

哈斯克公司制造出第一台商品电子显微镜。同年，电子显微镜首次在莱比锡国际博览会上展出，引起广泛注意。1940年，在恩斯特·鲁斯卡提议下，西门子-哈斯克公司将上述实验室发展为第一个电子显微镜开放实验室，由哈尔墨特·鲁斯卡任主任。实验室装备了4台电子显微镜，接纳各国学者前来做研究工作，推动了电子显微镜在金属、生物、医学等各个领域的应用与发展。在鲁斯卡工作的影响下，欧洲各国科学家先后也开始了电子显微镜的研究和制造工作。

恩斯特·鲁斯卡及其合作者几十年来孜孜不倦地为改进电子显微镜辛勤工作，为现代科学的发展作出了重要贡献。电子显微镜为人们观察物质微观世界开辟了新的途径。在50年代中期制成的中、高分辨率电子显微镜，能够观察晶体缺陷，促进了固体物理、金属物理和材料科学的发展。在70年代出现的超高分辨率电子显微镜使人们能够直接观察原子。这对于固体物理、固体化学、固体电子学、材料科学、地质矿物学和分子生物学的发展起了巨大的推动作用。

恩斯特·鲁斯卡在1986年获诺贝尔物理学奖一年多后于1988年5月27日在德国柏林去世，他的一生完全贡献于电子显微镜事业。继他之后，不仅有高压电镜和扫描电镜问世，而且还出现了另一种原理完全不同的显微镜，这就是1982年发明的扫描隧道显微镜。扫描隧道显微镜是通向微观世界的又一项有力武器。

16. 回旋加速器的发明

粒子物理学的诞生揭开了物理学发展史中崭新的一页，它不但标志了人类对物质结构的认识进入了更深的一个层次，而且还意味着人类开始以更积极的方式变革自然、探索自然、开发自然和更充分地利用大自然的潜力。

各种加速器的发明对粒子物理学的发展起了很大的促进作用，美国物理学家劳伦斯（E. Lawrence）顺应这一形势，走在时代的前列。他以天才的设计思想、惊人的毅力和高超的组织才能，为加速器的发展做出了重大贡献。

劳伦斯 1901 年出生于美国南达科他州南部的坎顿，父母都是教师，早年就对科学有浓厚兴趣，喜欢做无线电通信实验，在活动中表现出非凡的才能。他聪慧博学，善于思考，原想学医，却于 1922 年以化学学士学位毕业于南达科他大学，后转明尼苏达大学当研究生。导师斯旺对劳伦斯有很深影响，使他对电磁场理论进行了深入的学习。

劳伦斯在耶鲁大学继续研究两年之后，于 1927 年当了助理教授。1928 年转到伯克利加州大学任副教授。两年后晋升，是最年轻的教授。在这里他一直工作到晚年，使伯克利加州大学由一所新学校成为粒子物理的研究基地。

1928 年前后，人们纷纷在寻找加速粒子的方法。当时实验室中用于加速粒子的主要设备是变压器、整流器、冲击发生器、静电发生器和特斯拉线圈等等。这些方法全都要靠高电压。可是电压越高，对绝缘的要求也越高，否则仪器就会被击穿。正当劳伦斯苦思解决方案之际，一篇文献引起了他的注意，使他领悟到用一种巧妙的方法来解决这个矛盾。他后来在诺贝尔物理学奖的领奖演说中讲道："1929 年初的一个晚上，当我正在大学图书馆浏览期刊时，我无意中发现在一本德文电气工程杂志上有一篇维德罗的论文，讨论正离子的多级加速问题。我读德文不太容易，只是看看插图和仪器照片。从文章中列出的各项数据，我就明确了他处理这个问题的一般方法……在连成一条线的圆柱形电极上加一适当的无线电频率振荡电压，以使正离子得到多次加速。这一新思想立即使我感到找着了真正的答案，解答了我一直在寻找的加速正离子的技术问题。我没有更进一步地阅读这篇文章，就停下来估算把质子加速到一百万电子伏的直线加速器一般特性该是怎样的。简单的计算表明，加速器的管道要好几米长，这样的长度在当时作为实验室之用已是过于庞大了。于是我就问自己这样的问题：不用直线上那许多圆柱形电极，可不可以靠适当的磁场装置，只用两个电极，让正离子一次一次地来往于两电极之间？再稍加分析，证明均匀磁场恰好有合适的特性，在磁场中转圈的离子，其角速度与能量无关。这样它们就可以以某一频率与一振荡电场谐振，在适当的空心电极之间来回转圈。这个频率后来叫做'回旋频率'。"

劳伦斯不仅提出了切实可行的方案，更重要的是以不懈的努力实现了自己的方案。

1930 年春，劳伦斯让他的一名研究生爱德勒夫森（N. Edleson）做了两个结构简陋的回旋加速器模型。真空室的直径大约只有 *10* 厘米，其中的一个还真的显示了能工作的迹象。随后，劳伦斯又让另一名研究生利文斯顿（M. S. Livingston）用黄铜和封蜡做真空室，直径也只有 *11.43* 厘米，但这个"小玩意"已具有正式回旋加速器的一切主要特征。*1931* 年 *1* 月 *2* 日，在这微型回旋加速器上加不到 *1000* 伏的电压，可使质子加速到 *80 000* 电子伏，也就是说，不到 *1000* 伏的电压达到了 *80 000* 伏的加速效果。

1932 年，劳伦斯又做了 *22.86* 厘米和 *27.94* 厘米的同类仪器，可把质子加速到 *1.25* 兆电子伏（MeV）。正好这时，英国卡文迪什实验室的科克饶夫（J. D. Cockcroft）和瓦尔顿（E. T. S. Walton）用高压倍加器做出了锂（Li）蜕变实验。消息传来，人心振奋，劳伦斯看到了加速器的光明前景，更加紧工作。不久他就用 *27.94* 厘米回旋加速器轻而易举地实现了锂蜕变实验，验证了科克饶夫和瓦尔顿的结果。这次实验的成功，显示了回旋加速器的优越性，使科学界认识到它的

意义，同时也大大增强了劳伦斯等人对工作的信心。

于是他和利文斯顿以更大的规模设计了一台 D 形电极，直径为 68.58 厘米的机器，准备把质子加速到 5MeV 能量。这时氘已经被尤里（Urey）发现了，劳伦斯可以用氘核作为轰击粒子，以获得更佳效果。因为氘核是由一个质子和一个中子组成的复合核，氘核在静电场作用下有可能解体，变成质子和中子。而中子的穿透能力特别强，这样就可以利用回旋加速器产生许多重要的人工核反应。

68.58 厘米回旋加速器的运行带来了丰硕成果。许多放射性同位素陆续被伯克利发现。伯克利加州大学成了核物理的研究中心，他们把生产出来的放射性同位素提供给医生、生物化学家、农业和工程科学家，广泛应用在医疗、生物、农业等领域。

1936 年，在劳伦斯主持下，他们将 68.58 厘米回旋加速器改装成 93.98 厘米的，使粒子能量达到 6MeV。用它测量了中子的磁矩，并且产生出了第一个人造元素——锝（Tc）。

为了表彰劳伦斯发明的回旋加速器的功绩，1939 年诺贝尔物理学奖授给了劳伦斯。

然而，劳伦斯仍不愿加速器停留在这个水平。他认为，在这个水平上工作，还远不足以发现微观世界的奥秘。所以新一代的回旋加速器又在设计之中了。

一台大型的回旋加速器，从设计、制作、安装、调试直到进行各项实验活动，都需要各种人才的分工协作，互相配合。劳伦斯在诺贝尔奖颁奖会上的演说词中讲道："从工作一开始就要靠许多实验室的众多能干而积极的合作者的集体努力，各方面的人才都参加到这项工作中来，不论从哪个方面来衡量，取得的成功都依赖于密切和有效的合作。"

1958 年劳伦斯因病去世，终年 57 岁。为了纪念他，伯克利加州大学辐射实验室改名为劳伦斯辐射实验室。他一生为回旋加速器奋斗不息，虽然他自己没有直接作出科学发现或者创立科学理论，但是在他的领导和培养下或者在跟他协作的过程中，许多人作出了重大贡献。在他的实验室里，先后有 8 人获得诺贝尔奖。由于加速器的应用，物理学进入了一个新阶段，"大科学"从此开始了。

17. 核乳胶的发明

1950 年诺贝尔物理学奖授予英国布里斯托尔大学的鲍威尔（C. F. Powell），表彰他发展了研究核过程的光学方法，以及他用这一方法作出的有关介子的发现。

所谓研究核过程的光学方法，指的是运用特制的照相乳胶记录核反应和粒子径迹的方法，这种特制的乳胶就叫作核乳胶。

鲍威尔 *1903* 年 *12* 月 *5* 日生于英格兰肯特（Kent）的汤布里奇（Tonbridge）。他父亲是一位枪炮制造商，长期从事这方面的贸易。他的祖父曾创建一所私立学校。家庭的影响使他从小就有崇尚实践和重视学术的素养。他 *11* 岁时就在当地的学校获得了奖学金，后来又在社会上赢得了公开奖学金到剑桥大学的西尼•塞索克斯（Sidney Sussex）学院学习。*1924—1925* 年，鲍威尔以头等成绩通过了自然科学学位考试，*1925* 年毕业。*1925—1927* 年，鲍威尔作为卢瑟福和 C T.R 威尔逊的研究生在卡文迪什实验室做研究工作，*1927* 年获博士学位。他的第一项研究是与云室有关的凝聚现象，其结果间接地解释了经喷嘴的蒸汽会产生高度电离这一反常现象，他证明了这是由于在快速膨胀的蒸汽中存在过饱和现象。他的结论关系到蒸汽涡轮机的设计和运转。*1928* 年鲍威尔去布里斯托尔大学威尔斯物理实验室工作，当丁铎尔（A. M. Tyndall）的助手，后来晋升为讲师。*1936*年他参加地震考察队访问西印度群岛，研究火山活动。第二年回以布里斯托尔，*1948*年升任教授。他在这里耐心地发展一种测量正离子迁移率的精确技术，从而掌握了大多数普通气体中的离子特性。在旅居加勒比海之后，他又回过来从事建造一台用于加速质子和氘核的科克饶夫高压加速器，把加速器与威尔逊云室结合起来，可以研究中子-质子散射。*1938*年，他在从事宇宙射线实验中采用各种照相乳胶直接记录粒子的径迹。当科克饶夫高压加速器开始运转时，鲍威尔用同样的方法观测反冲质子的径迹，测量中子的能量，他和合作者发现乳胶中带电粒子的径迹长度可以对带电粒子的射程给出精确的计量，不久就明确这一方法在核物理实验中有非常大的好处。这一发现把他引向研究高能氘核束所产生的散射和衰变过程。

后来鲍威尔又回过来从事宇宙射线的研究并研制出了灵敏度更高的照相乳胶。*1947*年他和奥恰利尼在海拔*3000*米的山顶上，用这种新乳胶直接记录宇宙射线的辐射，并通过分析乳胶中射线的径迹，证实了 π± 介子的存在，并且观测到了 π 介子衰变成 μ 介子和中微子的过程。*1949*年鲍威尔又用这种方法发现了 K 介子的衰变方式。

鲍威尔所用的照相法是基于这样的原理：带电粒子穿过照相乳胶时，所经之处溴化银颗粒会被带电粒子电离，因而留下轨迹。一系列变黑的颗粒以一定间隔分布，其距离视粒子速率而定。粒子速率越大，则间距也越大。这是因为快速粒子比慢速粒子具有更小的电离能力。

这一方法其实并不新颖，早在*20*世纪初期就已用作显示放射性辐射的手段。因为要在核过程的研究中运用这一方法，首先需要有一种对各种带电粒子特别是快速粒子都很灵敏的乳胶。在*30*年代初期，这个问题似乎已经接近于解决，因为有人发现，可以用敏化乳胶片的办法使之能对快速质子发生作用。不过这一方法用起来很困难，所以未能广泛使用。

不需要事先敏化的乳胶在 1935 年就由列宁格勒的兹达诺夫和依尔福德实验室各自独立地生产出来了。但是在核物理研究中，即使到了 30 年代照相法仍未得到普遍采用，只有在宇宙射线的研究上还有一些人用到这种方法。许多核物理学家对这种方法还持怀疑态度，因为从测量到的径迹长度计算粒子能量往往会得到很分散的结果。大家那个时候更相信的是威尔逊云室。

鲍威尔的功绩就在于驱散了对照相法的怀疑，他使照相法在研究某些核过程中成为非常有效的手段。鲍威尔用新的依尔福德中间色调底片，研究了在核过程研究中照相法的用途和可靠性。从 1939 年到 1945 年，他和他的合作者一方面做了各种试验，另一方面不断地改进材料的处理方法，研究有关技术，创制分析粒子径迹的光学设备。他们的工作令人信服地证明了在这类研究中，照相法、云室及计数器是同样有效的，有时照相法比云室和计数器更为有效。照相法节省时间，节省材料。例如，用威尔逊云室在 20 000 张立体照片中可供测量的粒子径迹只有 1600 条，而鲍威尔和他的合作者在 3 平方厘米的照相底片中就找到了 3000 条可用的粒子径迹。1946 年在他们为改进和发展照相法的努力中做出了重要的一步，这就是他们用到了一种新型的名叫 "C2" 的乳胶，其特性在各方面都超过了原来的乳胶。粒子的径迹更为清晰，看不到干扰本底，这就大大地提高测量的可靠性。后来还可以用照相法来发现罕见过程，可以在乳胶中掺某种原子以供特殊研究。改进的照相法对宇宙射线的研究更为有效。乳胶可以连续记录，而威尔逊云室只能记录仪器操作的短暂时间间隙里所通过的粒子和所发生的过程，因而显得十分局限。可见，照相法在这些研究中大大优越于云室法。在法国南部有一个高于海平面 2800 米的观测站用到了这种新型乳胶。后来又在高 5500 米处进行测量，测量结果在乳胶中找到了大量的孤立粒子径迹，同时也有记录衰变的分叉，这些分叉就像一颗一颗的星。在乳胶中可以找到分叉数各不相等的"星"，从这些星可以判定，有一些是小质量的粒子闯进了乳胶，打到乳胶中的某些原子核上，引起这些原子核发生衰变。然而是宇宙射线的什么成分引起了原子核的衰变？经过深入的研究，他们证明，这一活跃的粒子是介子，其质量比电子大几百倍，带的是负电。有些蜕变还可以观察到慢速介子从原子核里抛出来。1947年鲍威尔和他的合作者报告说，发现了一种介子，在其运动过程中又产生了另一介子。分析初始介子和二次介子的径迹表明有可能存在两类具有不同质量的介子。后来的实验证实了这一理论。初始介子叫作 π 介子，二次介子叫作 μ 介子。初步测量表明 π 介子的质量大于 μ 介子的质量，而它们的电荷都等于基本电荷。

鲍威尔在进一步的实验中确定 π 介子的质量是 μ 介子的1.35倍。这个关系与美国伯克利辐射实验室的研究者用467.36厘米的回旋加速器所测定的结果——1.33倍符合甚好。他们还确定，π 介子的质量比电子大285倍，而 μ 介子的质量比电子大216倍。两种介子都可带正电，也可带负电。μ 介子的寿命约为百万分之一秒，而 π 介子还要短百倍。π 介子是不稳定的，会自发地蜕变为 μ 介子。负 π 介子易于和原子核相互作用，所以在乳胶中它们在径迹末端被原子俘获，既可引起轻原子核的蜕变，也可引起重原子核的蜕变。由于鲍威尔用上一种对电子敏感的乳胶，他在1949年证明了 μ 介子会在其路程的末端蜕变为一个带电的轻粒子和两个以上的中性粒子。接着，鲍威尔又研究了 π 介子（现在叫作 π 子），其质量为电子的1000倍。这一介子是别人发现的，但鲍威尔对之做了更加详尽的探讨。

鲍威尔研究核乳胶的成功使布里斯托尔大学成了核物理研究的重要基地。他在1949年当选为英国皇家学会会员，1950年，也即核乳胶诞生的几年之后就获得了诺贝尔物理学奖。

18. 晶体管的发明

　　首先要指出，晶体管的发明不是哪一位科学家拍脑袋想出来的，而是固体物理学理论指导实践的产物，是科学家长期探索的结果。

　　早在 19 世纪中叶，半导体的某些特性就引起科学家的注意。法拉第观察到硫化银的电阻具有负的温度系数，与金属正好相反。史密斯用光照射在硒的表面，发现硒的电阻变小。1874 年，布劳恩第一次在金属和硫化物的接触处观察到整流特性。1876 年，亚当斯和戴依发现硒的表面会产生光生电动势。1879 年，霍耳发现霍耳效应。对于金属，载流子是带负电的电子，这从金属中的电流方向、所加磁场的方向以及霍耳电势差的正负可以作出判断。可是，也有一些材料显示出正载流子而且其迁移率远大于正离子，这正是某些半导体的特性。可是，所有这些特性——电阻的负温度系数、光电导、整流、光生电动势以及正电荷载流子，都无法作出合理的解释。在 19 世纪物理学家面前，半导体的各种特性都是一些难解之谜。然而，在没有揭示其导电机理之前，半导体的某些应用却已经开始了，而且应用得还相当广泛。1883 年，弗立兹制成了第一个实用的硒整流器。无线电报出现后，天然矿石被广泛用作检波器。1911 年，梅里特制成了硅检波器，用于无线电检波。1926 年左右，锗也用于制作半导体整流器件。这时，半导体整流器和光电池都已成为商品。人们迫切要求掌握这些器件的机理。然而，作为微观机制理论基础的量子力学，这时才刚刚诞生。

　　电子管问世之后，获得了广泛的应用。但是电子管体积大、耗电多、价格昂贵、寿命短、易破碎等缺点，促使人们设法寻找能代替它的新器件。早在 *1925* 年前后，已经有人在积极试探有没有可能做成像电子管一样，在电路中起放大作用和振荡作用的固体器件。

人们设想，如果在半导体整流器内"插入"栅极，岂不就能跟三极真空管一样，做成三极半导体管了吗？可是，如何在只有万分之几厘米的表面层内安放栅极呢？*1938* 年，德国的希尔胥和 R. W. 玻尔在一片溴化钾晶体内成功地安放了一个栅极。可惜，他们的"晶体三极管"工作频率极低，只能对周期长达 *1* 秒以上的信号起作用。

在美国贝尔实验室工作的布拉顿（W. H. Brattain）和贝克尔（J. A. Becker）于 *1939* 年和 *1940* 年也曾多次试探实现固体三极管的可能性，都以失败告终。成功的希望在哪里呢？有远见的人们指望固体物理学给予理论指导。

20 世纪二三十年代，量子力学逐步建立起来。*1931* 年，A. H. 威尔逊提出了固体导电的量子力学模型，用能带理论能够解释绝缘体、半导体和导体之间的导电性能的差别。*1932* 年，他又在这一基础上提出杂质（及缺陷）能级的概念，这是认识掺杂半导体导电机理的重大突破。*1939* 年，苏联的达维多夫、英国的莫特、德国的肖特基各自独立地提出了解释金属—半导体接触整流作用的理论。达维多夫首先认识到半导体中少数载流子的作用，而肖特基和莫特提出了著名的"扩散理论"。

至此，晶体管的理论基础已经准备就绪，关键在于如何把理论和实践结合在一起。*1945* 年 *1* 月，在美国贝尔实验室成立的固体物理研究组出色地做到了这一点。上面提到的布拉顿就是这个组的成员之一。他是实验专家，从 *1929* 年起就在贝尔实验室工作。另有一位叫肖克利（B. Snockley），是理论物理学家，*1936* 年进入贝尔实验室。

1945 年夏，贝尔实验室决定成立固体物理研究组，其宗旨就是

要在固体物理理论的指导下，"寻找物理和化学方法，以控制构成固体的原子和电子的排列和行为，以产生新的有用的性质"。该研究组最初的成员共有 7 人，组长是肖克利，副组长是摩根（S. Morgan），另外还有半导体专家皮尔逊（G. L. Pearson）、物理化学专家吉布尼（R. B. Gibney）、电子线路专家摩尔（H. R. Moore）。最关键的一位是巴丁（J. Bardeen），他也是理论物理学家，1945 年刚来到贝尔实验室，是他提出的半导体表面态和表面能级的概念，把半导体理论又提高了一步，使半导体器件的试制工作得以走上正确的方向。

贝尔实验室的另外几位专家欧尔和蒂尔等致力于硅和锗的提纯并研究成功生长大单晶锗的工艺，使固体物理研究组有可能利用新的半导体材料进行实验。肖克利根据莫特 - 肖特基的整流理论，并且在自己的实验结果之基础上，做出了重要的预言。他认为，假如半导体片的厚度与表面空间电荷层厚度相差不多，就有可能用垂直于表面的电场来调制薄膜的电阻率，从而使平行于表面的电流也受到调制。这就是所谓的"场效应"，是以后的场效应管的理论基础。

可是，当人们按照肖克利的理论设想进行实验时，却得不到明显的效果。后来人们才认识到，除材料的备制还有缺陷外，肖克利的场效应理论也还不够成熟。尽管如此，表面态的引入，使固体物理研究组的工作登上了一个新的台阶。他们测量了一系列杂质浓度不同的 p 型和 n 型硅的表面接触电势，发现经过不同表面处理或在不同的气氛中，接触电势也不同，还发现当光照射硅的表面时，其接触电势会发生变化。接着，他们准备进一步测量锗、硅的接触电势跟温度的关系。就在为了避免水汽凝结在半导体表面造成影响，他们把样品和参考电极浸在液体（如可导电的水）中时意外的情况出现了。他们发现，光生电动势大大增加，改变电压的大小和极性，光生电动势也随之改变大小和符号。经过讨论，他们认识到，这正是肖克利预言的"场效应"。

巴丁提出了一个新方案。他们用薄薄的一层石蜡封住金属针尖，再把针尖压进已经处理成 n 型和 p 型硅的表面，在针尖周围加一滴水，水与硅表面接触，带有蜡层的针同水是绝缘的。正如他们所预期的那样，加在水和硅之间的电压，会改变从硅流向针尖的电流。这一实验使他们第一次实现了功率放大。后来，他们改用 n 型锗做实验，效果更好。然而，这样的装置没有实用价值，因为水滴会很快蒸发掉。由于电解液的动作太慢，这种装置只能在 8 赫兹以下的频率才能有效地工作。

他们发现，在电解液下面的锗表面会形成氧化膜，如果在氧化膜上蒸镀一个金点作为电极，有可能达到同样的目的，然而这一方案实现起来也有困难。

最后，他们决定在锗表面安置两个靠得非常近的触点，近到大约 2 密耳（1 密耳 =0.0254 毫米）的样子，而最细的导线直径约为 5 密耳，这在工艺上简直是无法实现的难题。实验能手布拉顿想出一条妙计。他剪了一片三角形塑料片，并在其狭窄而平坦的侧面上牢固地粘上金箔，然后用刀片从三角形塑料片的顶端把金箔割成两半，再用弹簧加压的办法，把塑料片和金箔一起压在锗片上。于是，他做成了世界上第一只能用于音频的固体放大器。他们命名为晶体管（transistor）。这一天是 1947 年 12 月 23 日，接触型晶体管诞生了。

接着，肖克利又想出了一个方案。他把 n 型半导体夹在两层 p 型半导体之间。1950 年 4 月他们根据这一方案做成了结型晶体管。

亲爱的朋友，以上讲了晶体管的发明经过。从这段史实中，你能否指出，是谁发明了晶体管？谁又是最主要的发明者？是巴丁？是肖克利？还是布拉顿？应该说，他们都是。功劳应归于他们这个集体，他们所在的固体物理学小组。晶体管是他们的集体创造。我们不必纠缠于争论谁的功劳大，但至少可以由此得到一条信念：科学是人类集体的事业，是人们以各种方式，包括有形的和无形的，进行协作的产物。

19. 原子钟的发明

大家知道，在计量单位制中，除长度和质量外，还有一个基本物理量，那就是时间。

微波激射器发明后，人们已经认识到可以利用其极为精确的计时功能制造原子钟。原子钟的发明是在新长度基准之外又一件量子计量技术的成果。它使计时技术发生了革命性的变化。要知道，时间的计量对人类的生活有着不可估量的意义。

日出而作，日入而息，铜壶滴漏，日晷影移，这是原始的时间计量。古人就据此建立了各种可靠的计时标准。

在人类观察到的自然现象中，以天空中发生的现象最为明显，也最有规律，所以自古以来人们很自然地就以地球自转周期作为时间的量度基准，这就是所谓的太阳日。最初秒的定义就是 *1秒* = *1/86 400* 平均太阳日，但是由于地球自转并不均匀也不稳定，*1960* 年国际计量大会确认，把时间基准改为以地球围绕太阳公转为依据，即把秒定义在 *1900* 年地球绕太阳沿轨道运行一周所需时间的 *1/31 556 925.974 7*。这一数据之所以有如此之高的精确度，是因为这个结果是通过为期数年的一系列天文观测获得的。

然而，根据这个定义很难对秒本身进行直接比较。正好在这期间，时间和频率的测量技术有了很大发展，*1967* 年第十三届国际计量大会重新规定了时间单位的定义：秒是铯 *133* 原子基态的两超精细能级之间跃迁所对应的辐射的 *9 192 631 770* 个周期的持续时间。

这么精确的数据是从哪里来的？应该说，这是原子物理学工作者长期研究的成果，是 *20 世纪 50 年代*发明原子钟的重大收获。

大家知道，对于一个周期性系统来说，其周期与频率是互为倒数的。以周期作为时间计量单位实际上就是以频率作为计算时间的依据。原子在能量差为 △E 的两个能级之间跃迁时，将会放出或吸收电磁波，其频率 $v=\triangle E/h$（h 即普朗克常数）。如果能够控制原子只在某两个特定能级之间跃迁，就有可能获得与之相对应的特定跃迁频率。如果这一频率非常稳定，就有可能被选定充当原子频率标准。

我们从光谱仪就可以测出原子光谱每一根谱线的频率，不过，原子光谱的谱线往往不是一根线，而是由若干更细的线组成。只要光谱仪的分辨率提高就可以观察到，这叫作光谱的精细结构。实际上精细结构还可以再分解，如果有分辨率更高的光谱仪，特别是在磁场的作用下，可以进一步观察到精细结构里还有更精细的结构，这叫作超精细结构。原子光谱的超精细结构早在 *1928* 年就有人观察到了。实验表明，基态的超精细结构跃迁频率不易受外界磁场的影响，相当稳定，以之作为频率标准是适宜的。

早在 *1940* 年，美国物理学家拉比就预见到铯 *133* 的超精细结构有可能作为频率计量的基准。铯 *133* 有三个特点：一是超精细结构的裂距量大，约达 *9.2* 吉赫兹，测量的精确度也很高，可达 10^{-5}；二是碱金属原子结构都很简单，属于单电子原子，和氢原子有类似性质，原子光谱的规律最明显，而铯是碱金属稳定元素中最重要的一员，原子质量大，则多谱勒频移小，谱线宽度随之减小，因此可得更高的精确度；三是铯在自然界中仅有一种同位素，即铯 *133*（^{133}Cs），这是最有利的条件。所以，拉比首选铯作为原子钟的工作物质。

美国物理学家拉姆齐（N. F. Ramsey）当时正好在哥伦比亚大学随拉比做博士论文，题目是《用原子束方法研究分子的旋转磁矩》。他记得在拉比小组中曾讨论过用铯133的超精细结构测量频率的可能性。拉比还建议美国国家标准技术局研制原子钟，后因条件尚不成熟而搁置。

在第二次世界大战中，由于雷达的广泛应用，微波电子技术有了长足进展，用感应法和吸收法相继发现了核磁共振，人们认识到，用原子钟来计时的时代已经不远了。

原子束实验装置素以结构复杂、设备庞大著称，因为它既需要加热，又需抽高真空，还要有强大的射频场和特殊要求的磁场，使分子束或原子束发射，聚焦、选场、激发和检测。怎样才能简化这些设备呢？这是物理学家大伤脑筋的问题。特别是为了减小谱线宽度，还必须采取某些特殊的措施，使事情更复杂化。根据理论分析，得知谱线宽度与振荡场区的长度成反比。这个振荡场区要求保持均匀的微波场和磁场。振荡场区的长度越长，谱线宽度就越窄，频率计量的精度就越高。但是，实践的结果并不尽如人意。振荡场区加长，又会遇到新的问题，射程长了，原子束的强度大减，而且难以保证磁场均匀，所以加大长度，谱线反而增宽。

拉姆齐和大家一样，也在为这个问题做各种探讨。他当时正在哈佛大学教物理光学课，正当他在为谱线增宽的问题苦思之际，迈克耳逊的测星干涉仪的设计思想启发他找到了一条绝妙的方法。

迈克耳逊的测星干涉仪是20世纪20年代初颇引人注目的一项成果。他在加州威尔逊山天文台的2.54米天文望远镜上加了两道反射镜，形成两翼，相距6米，利用两翼的光束互相干涉，从而测星体的角直径，结果把望远镜的角分辨率加大了几十倍，第一次测出了星体的角直径，解决了过去用望远镜一直没有解决的问题。相距6米的反射镜相当于把望远镜的口径加大6米，实际上即使成了这样庞大的望远镜，也可能无法保证干涉条纹的清晰度。后来，迈克耳逊的设计方案被人们写进了教科书，拉姆齐在教光学时当然会涉及这个问题。

可不可以也用类似的办法来改造原子束的振荡场呢？经过计算，证明在振荡场的两端用两条狭窄的振荡区即可代替整个振荡场，只要两端的驱动微波同相位，整个场的不均匀性就不会影响共振曲线的宽度，反而可以使宽度窄 40%。这一设计思想立即使铯原子钟获得了成功的希望。1952 年第一台应用分离振荡场方法的铯原子钟在美国国家标准技术局问世，频率宽度是原来的方法的十分之一。接着，英国国家物理实验室也于 1955 年建立了原子钟，3 年后他们发表了精确的结果：铯 133 原子基态两个超精细能级间跃迁辐射频率为 9 192.631 770 兆赫兹。这一频率后来在 1967 年被第十三届国际计量大会正式用来定义时间的基准。秒的新定义就是这样产生的。

20. 激光器的发明

这里指的是 20 世纪的一项重要发明——微波激射器。另一个新名词大家也许早就熟悉，所谓镭射，就是我们常常说到的激光。

晶体管的发明，是第二次世界大战后最激动人心的科技产物，对 20 世纪后半叶人类社会的发展和物质文明的进步有极大的推进作用。然而，无独有偶，就在这个时期，又孕育了另一项重大的科技发明，那就是脉泽和激光。在脉泽和激光的发明中，运用了 20 世纪量子理论、无线电电子学、微波波谱学和固体物理学的丰硕成果，也凝聚了一大批物理学家的心血。这些物理学家很多是在贝尔实验室工作的，其中最为突出的一位是美国的物理学家汤斯（C. H. Townes）。

汤斯是美国南卡罗林纳人，1939 年在加州理工学院获博士学位后进入贝尔实验室，第二次大战期间从事雷达工作。他非常喜爱理论物理，但军事需要强制他置身于实验工作之中，因此他对微波等技术逐渐熟悉。当时，人们力图提高雷达的工作频率以改善测量精度。美国空军要求他所在的贝尔实验室研制频率为 24 000 兆赫兹的雷达，实验室把这个任务交给了汤斯。

汤斯对这项工作有自己的看法，他认为这样高的频率对雷达是不适宜的，因为他观察的这一频率的辐射极易被大气中的水蒸气吸收，所以雷达信号无法在空间传播，但是美国空军当局坚持要他做下去。结果仪器做出来了，军事上毫无价值，却成了汤斯手中极为有利的实验装置，达到当时从未有过的高频率和高分辨率，汤斯从此对微波波谱学产生了兴趣，成了这方面的专家。他用这台设备积极地研究微波和分子之间的相互作用，取得了一些成果。

1948 年汤斯遇到哥伦比亚大学教授拉比（I. I. Rabi）。拉比建议他去哥伦比亚大学。这正合汤斯的心愿，遂进入哥伦比亚大学物理系，并于 1950 年起在那里就任正教授。雷达技术涉及微波的发射和接收，而微波是指频谱介于红外和无线电波之间的电磁波。在哥伦比亚大学，汤斯继续孜孜不倦地致力于微波和分子相互作用这一重要课题。

汤斯渴望有一种能产生高强度微波的器件。通常的器件只能产生波长较长的无线电波。若打算用这种器件来产生微波，器件结构的尺寸就必须极小，以至于实际上没有实现的可能性。

1951 年的一个早晨，汤斯坐在华盛顿市一个公园的长凳上，等待饭店开门，以便去进早餐。这时他突然想到，如果用分子，而不用电子线路，不是就可以得到波长足够小的无线电波吗？分子具有各种不同的振动形式，有些分子的振动正好和微波波段范围的辐射相同。问题是如何将这些振动转变为辐射。就氨分子来说，在适当的条件下，它每秒振动 2.4×10^{10} 次，因此有可能发射波长为 $1\frac{1}{4}$ 厘米的微波。

他设想通过热或电的方法，把能量送进氨分子中，使氨分子处于"激发"状态。然后，再设想使这些受激的分子处于具有和氨分子的固有频率相同的微波束中，氨分子受到这一微波束的作用，以同样波长的微波形式放出它的能量，这一能量又继而作用于另一个氨分子，使它也放出能量。这个很微弱的入射微波束相当于起着对一场雪崩的触发作用，最后就会产生一个很强的微波束。这样就有可能实现微波束的放大。

汤斯在公园的长凳上思考了所有这一切，并把一些要点记录在一只用过的信封的反面。汤斯小组历经两年的试验，花费了近 3 万美元。1953 年的一天，汤斯正在出席波谱学会议，他的助手戈登急切地奔入会议室，大声呼叫道："它运转了。"这就是第一台微波激射器。汤斯和大家商议，给这种方法取了一个名字，叫"受激辐射微波放大"，英文名为 "Microwave Amplification by Stimulated Emission of Radiation"，简称 MASER（中文音译为脉泽，意译为微波激射器）。

脉泽有许多有趣的用途。氨分子的振动稳定而精确，用它那稳定精确的微波频率，可用来测定时间。这样，脉泽实际上就是一种"原子钟"，它的精度远高于以往所有的机械计时器。

1957 年，汤斯开始思索设计一种能产生红外或可见光——而不是微波——脉泽的可能性。他和他的姻弟肖洛（A. L. Schawlow）在 1958 年发表了有关这方面的论文，论文的题目叫《红外区和光学脉泽》，主要是论证将微波激射技术扩展到红外区和可见光区的可能性。

肖洛 1921 年生于美国纽约，在加拿大多伦多大学毕业后又获硕士和博士学位。第二次世界大战后，肖洛在拉比的建议下，到汤斯手研究微波波谱学在有机化学中的应用。他们两人 1955 年合写过一本《微波波谱学》，是这个领域里的权威著作。当时，肖洛是贝尔实验室的研究员，汤斯正在那里当顾问。

1957 年，正当肖洛开始思考怎样做成红外脉泽器时，汤斯来到贝尔实验室。有一天，两人共进午餐，汤斯谈到他对红外和可见光脉泽器很感兴趣时提及，有没有可能越过远红外，直接进入近红外区或可见光区。近红外区比较容易实现，因为当时已经掌握了许多材料的特性。肖洛说，他也正在研究这个问题，并且建议用法布里 - 珀罗标准具作为谐振腔。两人谈得十分投机，相约共同攻关。汤斯把自己关于光脉泽器的笔记交给肖洛，里面记有一些思考和初步计算。肖洛和汤斯的论文于 1958 年 12 月在《物理评论》上发表后，引起强烈反响。这是激光发展史上具有重要意义的历史文献。汤斯因此于 1964 年获诺贝尔物理学奖，肖洛也于 1981 年获诺贝尔物理学奖。

在肖洛和汤斯的理论指引下，许多实验室开始研究如何实现光学脉泽，纷纷致力于寻找合适的材料和方法。他们的思想启示梅曼 （T. Maiman）做出了第一台激光器。

梅曼用一根红宝石棒产生间断的红光脉冲。这种光是相干的，在传播时不会漫散开，几乎始终保持成一窄束光。即使将这样的光束射到记万千米之外的月球上，光点也只扩展到两三千米的范围。它的能量耗损很小，这样，人们就自然想到向月球表面发射光脉泽束，以绘制月面地形图，这种方法远比以往的望远镜有效得多。

大量的能量聚集在很窄的光束中，使它还能用于医学（如在某些眼科手术中）和化学分析，它能使物体的一小点汽化，从而进行光谱研究。

这种光比以往产生的任何光具有更强的单色性。光束中的所有光都具有相同的波长，这就意味着这种光束经调制后可用来传送信息，和普通无线电通信中被调制的无线电载波几乎完全一样。由于光的频率很高，在给定的频带上，它的信息容量远大于频率较低的无线电波，这就是用光作载波的优点。

可见，光脉泽就是现在大家熟悉的激光，激光的英文名字也可音译为镭射（laser），laser 是 "Light Amplification by Stimulated Emission of Radiation"（受激辐射光放大）的缩写。

梅曼是美国休斯研究实验室量子电子部年轻的负责人。他于 1955 年在斯坦福大学获博士学位，研究的正是微波波谱学，后来在休斯实验室做脉泽的研究工作，并发展了红宝石脉泽起衬，红宝石脉泽需要液氮冷却，后来改用干冰冷却。梅曼能在红宝石激光首先做出突破，并非偶然，因为他已有用红宝石进行脉泽的多年经验，他预感到用红宝石做激光器的可能性，这种材料具有相当多的优点，如能级结构比较简单、机械强度比较高、体积小巧、无需低温冷却等等。但是，当时他从文献上知道，红宝石的量子效率很低，如果真是这样，那就没有用场了。梅曼寻找其他材料，但都不理想，于是他想根据红宝石的特性，寻找类似的材料来代替它。为此他测量了红宝石的荧光效率。没有想到，荧光效率竟是 75 %，接近于 1。梅曼喜出望外，决定用红宝石做激光元件。

通过计算，他认识到最重要的是要有高色温（大约 5000K）的激烈光源。起初他设想用水银灯把红宝石棒放在椭圆形柱体中，这样也许有可能起动。但再一想，觉得无须连续运行，脉冲即可，于是他决定利用氙（Xe）灯。梅曼查询商品目录，根据商品的技术指标选定通用电气公司出产的闪光灯，它是用于航空摄影的，有足够的亮度，但这种灯具有螺旋状结构，不适于椭圆柱聚光腔。他又想了一个妙法，把红宝石棒插在螺旋灯管之中，红宝石棒直径大约为 1 厘米、长为 2 厘米，正好塞在灯管里。红宝石两端蒸镀银膜，银膜中部留一小孔，让光逸出。孔径的大小，通过实验决定。

就这样，梅曼经过 9 个月的奋斗，花了 5 万美元，做出了第一台激光器。可是当梅曼将论文投到《物理评论快报》时，竟遭拒绝。

该刊主编误认为这仍是脉泽，而脉泽发展到这样的地步，已没有什么必要用快报的形式发表了。梅曼只好在《纽约时报》上宣布这一消息，并寄到英国的《自然》杂志去发表。于是，梅曼发明红宝石激光器的消息立即传遍全球。

接着，氦氖激光器诞生了。

氦氖激光器是紧接着固体激光出现的一种以气体为工作介质的激光。它的诞生首先应归功于多年对气体能级进行测试分析的实验和从事这方面研究的理论工作者。到20世纪60年代，所有这些稀有气体都已经被光谱学家做了详细研究。

不过，氦氖激光器要应用到激光领域，还需要这个领域的专家进行有目的的探索。这次又是汤斯的学派开创了这一事业。他的另一名研究生，来自伊朗的贾万（Javan）有自己的想法。贾万的基本思路就是利用气体放电来实现粒子数反转。

贾万首选氦、氖气体作为工作介质是一极为成功的选择。最初得到的激光光束是红外谱线1.15微米。氖有许多谱线，后来通用的是6328埃，为什么贾万不选6328埃，反而选1.15微米呢？这正是贾万的高明之处。他根据计算，了解到6328埃的增益比较低，所以宁可选更有把握的1.15微米。如果一上来就取红线6328埃，肯定会落空的。

贾万和他的合作者在直径为1.5厘米、长为80厘米的石英管两端贴有13层的蒸发介质膜的平面镜片，放在放电管中，用无线电频率进行激发。为了调整两块平面镜的取向，竟花费了近8个月的时间。1960年12月12日终于获得了红外辐射。

1962年，贾万的同事怀特和里奇获得了6328埃的激光光束。这时对于激光的调整人们已积累了丰富经验。里格罗德等人改进了氦氖激光器。他们把反射镜从放电管内部移到外部，避免了复杂的工艺。窗口做成按布鲁斯特角固定，再把反射镜做成半径相等的共焦凹面镜。

氦氖激光器一直到现在还在应用，在种类繁多的各种激光器中，氦氖激光器也许是最普及、应用最广泛的一种。在红宝石激光器和氦氖激光器之后，接踵而至的是效率更高、功率更大的激光器——二氧化氮激光器和经久耐用、灵巧方便的半导体激光器，它们像雨后春笋一般涌现了出来，成了现代高科技的重要组成部分。

21. 光导纤维的发明

光通信是一门既古老又年轻的科学技术。说它古老，是因为早在古代就有利用光传递信息的记录。我国的周朝，就曾经用"烽燧"来传递敌人入侵的信息，距今已三千余年。航行中利用旗语和灯光传递信息，也有几百年了。1880年发明电话的贝尔就曾经进行过光通信的实验。可见，用光传递信息远比用电传递信息的历史来得悠久，当然所有这些都只是在空气中传递光的信息。说它年轻，是因为光通信真正成为现实，还是近三十多年的事情，只是在激光器出现之后，电缆通信和无线电通信已显示出许多不足，采用光学方法代替电学方法传递信息才成为当务之急。于是，以光导纤维（简称"光纤"）为核心的光纤通信技术就应运而生了。

作为一门高新科技，光纤通信可以说是物理学、化学、电子学、材料科学等学科的综合产物，在当代高新科技中具有特殊的地位。我国国家科学发展规划，把光纤通信和计算机、生物工程等项目并列为技术革命的重点，就可见其重要性。

光纤通信是现代信息传输的重要方法之一。它的特点是：容量大、保密特性好、抗干扰性能强、中继距离大、节省铜材等。

光纤一般是由同心圆柱形的双层透明介质，主要是石英玻璃之类的介质组成，石英玻璃实际上就是二氧化硅（SiO_2）。介质的内层叫纤芯，外层叫包层，纤芯的折射率高于包层，光纤拉成细丝，其直径约为数微米，包层直径为 125 微米。多根光纤组成光缆，结构与电缆差不多，其制造方法和环境要求也与电缆类似。

值得特别向读者介绍的是，英籍华裔科学家高锟（Charles Kao）的开创性工作对这项重大课题的解决具有决定性的意义。

1966 年，高锟和他的合作者霍克汉（G. A. Hockham）在进行一系列理论和实验研究之后，发表了一篇著名论文，提出用光纤进行长距离通信的建议。他们预言光波导材料的衰减率有可能从当时的每千米 1000 分贝（1000 dB/km）降低到每千米 20 分贝（20 dB/km），他们证明单模光纤每秒有可能传送 10 亿位数字信号，并论证了单模光纤的要求和特性。这两位科学家以敏锐的洞察力，勾画出了尚未出现的技术蓝图。他们认为最艰难的任务是研制损耗低于 20 dB/km 的光纤材料。这一指标在 1966 年实在难以实现，但是在高锟的激励下，仅仅过了 4 年，就有人宣布达到了这个指标。从此，光纤通信技术蓬勃发展，而高锟和霍克汉的这篇著名论文就成了光纤通信领域的里程碑。

高锟 1933 年生于上海，1957 年获伦敦大学物理学士学位，1965 年获博士学位，1957—1960 年任英国标准电话和电缆公司工程师，1960—1970 年转到英国标准电信实验室（STL）任职。就在这里，他和霍克汉在微波技术专家卡博瓦克（T. Karbowiak）的领导下，对微波波导开展研究，并在卡博瓦克的引导下，转向光波波导的研究。

应该说明，纤维光学并非他们首创。大家知道，光从光密媒质（折射率大）射向光疏媒质（折射率小）时，如果入射角大于临界角，就会发生全反射。光导纤维就是根据这个原理。早在 1910 年，著名物理学家德拜（P. Debye）和他的合作者洪德罗斯（Hondros）就对介质波导做了详尽的理论分析。到了 50 年代，用玻璃做成可弯曲的光束管道，可以使医生能够看到人体内部，这就是所谓的内窥镜，直到现在还有广泛应用。然而，内窥镜采用的光纤是玻璃制品，其衰减率大于 *1000* dB/km，只适用于长度不超过 *1 ～ 2* 米的仪器传光传像，根本不能用于长距离通信。即使在 *1960* 年发明了激光器之后，用激光器作光源，由于光纤的衰减率如此之大，也无法利用光纤进行长距离通信。

激光器的发明使人们对历史悠久的光学刮目相看。人们完全有理由相信，以激光为主体的光通信时代即将到来，这一认识促使人们加强对光通信的研究。当时微波已经是远距离通信，包括电视和电话的重要媒介。而微波既可经空气传送，也可经波导传输。人们很自然地想到激光也应该能够像微波那样，经空气直接传送或经空腔光学波导传输。人们普遍认为，只要把微波技术扩展到光传输，就可实现远距离光通信。例如，美国贝尔电话公司的贝尔实验室就在致力于这方面的研究，当时高容量电话系统是靠微波在一系列塔架之间从空气中传送，就像多年来一直在用的微波电视传送一样，贝尔实验室的科学家用激光器做了一个模拟器，建在新泽西州的赫尔姆戴尔（Helmdel）的主实验室和附近的克罗福德山实验室的屋顶之间，经过多次试验，没有取得预期效果。他们很快发现，空气并不像看起来那样纯净，雨、雪或浓雾都能使信号强度大大衰减，如经过 *2.6* 千米的路程信号竟衰减了 *60* dB 以上。显然，从空中直接传送光信号很难满足高容量通信的需要。

贝尔实验室同时还在进行另一套试验方案。从 *1950* 年开始，微波工程师米勒（S. E. Miller）就带领一个小组在克罗福德山研制一种空腔波导，专门用于 *60* 吉赫兹的微波（频率为 *60* 吉赫兹的微波，其波长约为 *5* 毫米，所以也叫毫米波），这种微波在空气中衰减很快，因此采用波导管进行传输。他们的毫米波导管内径是 *5* 厘米，传输的是单模，以毫米波为载体，把语言数字化，并通过毫米波导管传输，其能力为 160Mbit/s（兆比特／秒）。米勒小组相信，把空腔波导概念推广到光波领域，有可能形成下一代新的通信技术。许多有名望的通信工程师也都是这样想的。

然而，问题并不像人们想象的那样简单。大家知道，光波波长约为 1 微米，比毫米波波长小千倍，如果光波波导按比例缩小，就必须把空腔波导管的直径做成 10 微米以下，而这个要求是难以实现的。如果波导管的直径过大，传送的光波只能是多模的，这样就很不利于光的传播。但米勒小组并不把这当成障碍，理论上讲，他们只需要在波导管中增加许多透镜，周期性地让激光束沿着波导管重新聚焦，就可以克服这一困难。为了消除固体透镜表面不可避免的反射，贝尔实验室试验成功了气体透镜，用波导管中心冷空气和管壁热空气折射率的不同进行聚焦，虽然仍有一些工程问题，但是基本概念已经很清楚了。于是，美国的贝尔实验室就准备在条件成熟后推出以空腔波导为传输手段的光通信技术。这时已是 20 世纪 60 年代中期了。

英国的标准电信实验室（STL）的里弗斯（A. H. Reeves）对通信技术的发展途径有独特的见解。他由于在 1937 年发明了脉码调制而闻名于世。里弗斯在激光出现时已经 58 岁了。他富有远见和创造性，在梅曼发明第一台激光器之前就对光通信产生了兴趣，并向正在领导 STL 微波波导研究的工程师卡博瓦克提出光学研究任务。上面我们提到的高锟和霍克汉就在卡博瓦克的小组中工作。开始他们也是跟美国同行那样，把透镜放在空腔光波导管中进行实验，他们用柔性塑料制成固体介质波导管。这种固体介质波导管在微波系统中可以使用。如果它们的直径按波长的比例缩小，应该也能在光波长范围内工作。然而，用比头发丝还要细的塑料棒传送光波实际上会遇到许多难以解决的问题。

　　1963 年卡博瓦克安排高锟和霍克汉研究介质光波导，当时 30 岁的高锟正在写关于波导研究的博士论文，霍克汉刚大学毕业两年，卡博瓦克认为光导纤维是有前途的，但是他担心材料损耗，所以他鼓励高锟和霍克汉研究他自己设计的一种新颖的平面波导，在这种平面波导中光大体上是沿着外侧传播。高锟和霍克汉测试了卡博瓦克的波导，发现它对弯曲非常敏感，而这正是毫米波导管和空腔光波导管都无法避免的问题。

　　1964 年末，新南威尔士大学授予卡博瓦克电气工程的教授职位，这是晋升的大好机会，于是卡博瓦克离开了英国的标准电信实验室，把光学研究课题交给高锟。高锟和霍克汉并没有拘泥于原有的方案，而是把注意力转向光导纤维。他们知道，玻璃纤维细小而且宜于弯曲，比起贝尔实验室的空腔光导管来有很多优越的地方。

　　高锟和霍克汉吸取了斯尼彻（E. Snitzer）的意见，认识到如果包层的折射率比纤芯正好小 1 %，就可以在较大的光纤中进行单模传输，包层不仅增加了纤维的直径，而且改变了波导的特性，使单模有可能在直径 10 倍于波长的纤芯中传送。

　　高锟集中精力于难以解决的光学损耗问题，他向光学专家请教，发现杂质导致绝大部分吸收，如果使玻璃变纯将大大减少损耗，剩下的就是约 1 dB/km 的散射损耗，这个数字是缪勒（C. Maurer）在一篇文章中导出的，缪勒后来领导康宁（Corning）玻璃公司做出了首批低耗纤维。霍克汉则致力于研究光纤所需的均匀性。大多数波导系统对直径的微小变化极为敏感，而这变化在真正制造过程中几乎不可避免，但是霍克汉证明机械公差 10 %，足以给出大约 1 吉赫兹的带宽。

　　1965 年 11 月，他们向在伦敦的电气工程师协会（IEE）递交了共同署名的论文，略加修改后，发表在 1966 年 7 月的 IEE 会刊上。

论文题名为《用于光频的介质纤维表面波导》。他们在结论中明确地提出了用光导纤维的方案。在高锟两人的论文激励下，美国康宁公司在 1970 年率先研制出了衰减率低于 20 dB/km 的石英光导纤维，恰好这一年适合于光纤通信之用的光源——双异质结半导体激光器问世。这两项技术的突破立即掀起了研制和使用光纤通信的高潮。此后，光纤的衰减率不断降低，1974 年为 2 dB/km，1979 年最低达到了 0.2 dB/km，而半导体激光器的寿命则大大增加，刚开始只有几小时，1975 年为 10 万小时，1979 年则达 100 万小时。1977 年，贝尔实验室首先完成了光纤通信的现场试验，全面制备了光纤通信的配套器件，完善了生产工艺，从此光纤通信进入了实用阶段。

20 世纪 80 年代初，世界各地开通的光纤通信线路已达上千条，除用作电话通信外，也用于数据传输、闭路电视、工业控制、监测以及军事目的。1988 年第一条跨越大西洋海底，连接美国东海岸同欧洲大陆的光纤开通。1989 年 4 月，从美国西海岸经夏威夷及关岛，联结日本及菲律宾的跨太平洋海底光缆开通了服务，后来又有第二条跨大西洋海底光缆投入使用。在陆地上的推广应用更是日新月异。许多国家相继宣布，干线大容量通信线路以后不再新建同轴电缆，完全铺设光缆。我国干线系统中比较著名的有南沿海工程、沪宁汉干线、芜湖至九江、京汉广干线等。短距离系统更是不计其数。在武汉、上海、西安、北京、天津等地建立了几家规模较大、水平较高的光纤、光缆制造厂，另外还有一批与之配套的光电子器件工厂及研究所，为光纤通信在我国广泛推广应用打下了基础。

时至今日，无线电外差通信正向光外差通信发展，通信设备技术正由微电子集成向光电子集成发展，单频、单波长、单通道正向多波长、多通道、微波负载、波密集光通信发展，电缆通信正在被光缆通信取代。

22. 射电天文望远镜的发明

物理学和天文学的结合产生了天体物理学，在 19 世纪末达到了鼎盛时期，当时人们广泛使用天文望远镜观测从天体发来的光谱信息。人们分析这些光谱从而大大扩展了对天体的认识。进入 20 世纪，无线电开始得到了应用。出乎科学家的预料，无线电工程刚刚发展，就成了天文学的重要工具。到了 20 世纪中叶，以射电天文望远镜为主要工具的射电天文学已经成为天文学的一个重要分支学科，许多重要天文发现由此产生。一座座射电天文望远镜不分昼夜，在世界各地指向太空，不停地捕捉来自宇宙的信息，其本领远远超过光学望远镜。我们现在就来对射电天文学的发展做些简单的介绍，从中可以看到有关的一些物理学家为射电天文学的发展所作出的多项创造性贡献。首先要提到的是宇宙无线电波的发现者，他名叫央斯基（K. G. Jansky）。

央斯基是美国人，1928 年大学毕业后来到贝尔实验室工作。他当时的任务是研究短波通信的干扰问题。1931 年的一天央斯基在研究短波通信干扰时注意到了一种非常微弱的吱吱声。虽然这样微弱的干扰对无线电通信没有实际影响，他完全可以对其置之不理。但是，央斯基本着对宇宙的好奇心，没有放弃这一异常现象。起初，他以为这种噪声可能与太阳有关系。经过反复考察，他发现这些噪声每天总是提前 4 分钟发生。他一时不明白这一现象的起因。正好央斯基有一位从事天文学的朋友，他在和这位朋友的交往中学到了许多天文知识。他知道：恒星日比太阳日要短 4 分钟。这使央斯基想起，这个按时出现但却总要晚 4 分钟的宇宙无线电波不是来自太阳，一定是同某个恒星有关系。央斯基锲而不舍地、紧紧地跟踪这微弱的噪声。经过一年的监测，终于找到了这个射电源的方位。他绘出了射电源在宇宙上的坐标。原来，这个射电源在银河系中心附近。

这是人类第一次探测到来自太空的无线电波。从此，人类打开了探测宇宙奥妙的又一个窗口……射电天文学从此诞生了。在这之后，射电天文学迅速发展，先后发现了宇宙背景辐射、星际分子、脉冲星和类星体。人们利用射电天文望远镜把自己的视野扩展到 100 亿光年以外的深远宇宙空间。

提起射电天文学的创建和发展，不能不说到英国剑桥大学卡文迪什实验室和在那里工作的两位著名物理学家，他们是赖尔（Martin-Ryle）和休伊什（AntonyHewish）。赖尔在射电天文学方面做出了先驱性工作，特别是发明了所谓的综合孔径技术，休伊什则是在发现脉冲星的过程中起了决定性的作用，他们共同获得了 1974 年诺贝尔物理学奖。

英国天文学家。1918 年 9 月 27 日生于英格兰的一个书香门第的家庭，很小就对天文学有特殊的爱好。他喜欢独自思考，善于动手，学过木工手艺，长大后参加过制造帆船和航海活动。赖尔的祖父是一位业余天文爱好者，拥有一架 10 厘米的折光望远镜。据说赖尔小时候曾因思考广袤空间为什么能永恒存在而夜不入寐。在中学时代，他对无线电非常感兴趣，自己动手制造发射机，参加业余无线电爱好者活动站。1936 年，赖尔进入牛津大学基督教会学院学习物理。他对卡文迪什实验室阿普顿（E. V. Appleton）教授的电离层研究很感兴趣，立志要进到卡文迪什实验室参加电离层研究。1939 年，他一毕业就被阿普顿的合作者拉特克列夫（J. A. Ratcliffe）教授招到卡文迪什实验室的电离层无线电研究小组，准备跟随拉特克列夫做博士论文。可是还没有开始就爆发了第二次世界大战。这时战争的需要压倒一切，而雷达和天线的研制又是最急迫的任务。于是，赖尔发挥他对无线电的特长为加强国防出力。在卡文迪什实验室，他开始接触到雷达天线的工作，做了许多模拟试验，还进行过新式天线的设计。不久，赖尔应征加入英国空军部研究所，后转电讯研究所工作，他先是从事波长1.5 米机载拦截雷达天线系统的研制，并发展了机载定向天线，还参与用于鉴别敌我飞机的机载雷达应答器的研制。1941 年初，赖尔负责一个小组，研制厘米波雷达的测试设备，制造了原型的厘米波信号发生器、波长计、功率计和脉冲监视器。

1942 年，赖尔曾参与研制对付德军监视英国飞机的预警雷达系统的机载干扰发射机和对付德军机载通讯系统的干扰发射机。赖尔还设计了一种非常有效的机载预警接收机，帮助轰炸机及早躲避敌机的拦截雷达的追踪。

1944 年，赖尔和他的小组参加了一个复杂的电子欺骗行动，以掩护盟军在诺曼底登陆，他们设计了应答器，模拟舰队的回波雷达信号。这个行动获得了成功。

赖尔还发现德国初期 V2 火箭的制导是靠地面发射信号来控制火箭最后飞行速度和熄火时刻的秘密，发射信号是隐没在宽带的一大堆混淆信号中的一对频率。为此他设计了一种新型接收机，专门用于搜索这对频率，并用机载的大功率干扰发射机进行干扰，从而达到了破坏 V2 火箭命中率的目的。

1942 年 2 月 12 日，两艘德国军舰在干扰掩护下逃离英吉利海峡之后两周，英国防空雷达又遇到了一次大干扰。这一干扰曾经使 4 米防空雷达的回波经常消失。人们甚至猜测是不是德国人发明了一种新的干扰器件。但是也有人认为，这一消失可能是来自太阳的射电电波造成的。负责调查这次事件的海伊（J. S. Hey）发现，引起这次干扰的是太阳上一个大黑子群中产生的大耀斑。如果这一不期而遇的现象是真实的，太阳射电就大有研究的价值了。但是由于这个问题涉及军事秘密，没有公开，只有少数人接触到，而知道这个战时军事秘密的正是拉特克列夫。拉特克列夫认为，这是一个极富挑战性的课题。战争期间由于军事问题优先，不可能对这类现象做深入研究。现在战争结束了，由于无线电接收机的灵敏度和信噪比大大提高，使得观测来自太阳的无线电波变成容易得多，有可能做出判决性的结论，因此他就建议刚刚从军队返回卡文迪什实验室的赖尔针对这个问题进行研究。

赖尔和他的同事从 1945 年 12 月开始检验来自太阳的米波射电。1947 年斯密士（F. G. Smith）加入，1948 年休伊什也加入进来了。

1948 年太阳黑子周期接近最大，这是一次极好的观测机会，可以全时连续记录来自太阳的射电辐射。以前的观测表明，来自太阳的厘米波辐射是非常明显的，任何时候都可以观测到，然而米波辐射则很少记录，只有在太阳黑子活动较为频繁的期间才能观测到。这是什么原因？是不是在其他时间里太阳就没有米波辐射？或者这一辐射的强度极低，以至仪器的灵敏度无法检测到？

为了回答这个问题，赖尔等人建造了一台设备，可以获得比战时米波雷达高大约 100 倍的角分辨率，从而探测到比过去所见弱得多的信号。他们发现，太阳米波辐射在所有时间里都可以测到，而且比预想的强得多。

1949 年，赖尔和翁伯格（D. D. Vonberg）按照自己的方案设计了一台独特的干涉射电天文望远镜。这台仪器由两组天线阵构成，指向子午线，这样就可以当地球旋转时，接收角扫过太阳，从两组天线分别得到的电流在电学仪器上产生干涉图像。天线之间的距离大约为250米，可以随意改变，从干涉图像的变化可以计算出产生射电波的太阳那块表面面积的直径。计算的原理和迈克耳逊干涉望远镜的干涉条纹计算星体直径的原理是一样的。由此赖尔和翁伯格发现，在太阳活动期，射电源是非常密集的，它的大小比太阳本身要小得多。

干涉射电天文望远镜的发展是卡文迪什实验室在射电天文学方面的主要特色。这类望远镜越做越大，角度分辨率越来越高，于是就有越来越多的射电源得以确证，其形状也一一被描绘出来。望远镜的灵敏度增大了，足以探测更弱的、更遥远的射电源。同时，他们也相应地研制出了各种与之有关的电学仪器。

在赖尔的领导下，剑桥大学先后建立了一系列通用和特殊的射电天文望远镜，到了1972年又新开设了5千米的射电天文望远镜，这是相当宏伟的工程。

与这些设备的改进相伴的是，这里用上了更有效的方法。这就是所谓"孔径综合"技术。只要用小的天线，连续地移动到和巨型射电天文望远镜各部分相应的位置，再把信号送到计算机里加以综合，就可以获得跟巨型射电天文望远镜同样的效果。

赖尔是射电天文学的主要创建者之一，他发明的综合孔径射电天文望远镜成为世界各国射电天文学家仿效的典范。他创建的卡文迪什射电天文学基地成为国际上最重要的射电天文研究中心之一。他在射电天文观测技术、射电宇宙学和射电源物理学等方面做出了大量的创造性贡献和发现，使英国的射电天文学研究长期处在领先地位。他培养了大批优秀的射电天文学家，这些人才又在射电天文学中做出了大量成果。休伊什发现脉冲星就是其中最有价值的贡献之一。

23. 超导体的发现

超导体，作为固体物理学的一个活跃分支，它的研究历史已有百年，而作为一门新技术应用于各个领域，那还是近四五十年的事情。但是，百年的发展历史，使它逐渐发展成为一门完整的科学，并以极大的优越性应用于电机、输电、磁流体发电、高能物理等方面，在电子技术、空间技术、受控热核反应，甚至与人们生活密切相关的交通运输和医疗等方面，都展示了乐观的前景。

1987年2月25日，国内各大报刊纷纷以大字标题登出了头条新闻：我国超导研究取得重大突破！新闻中讲到，中国科学院物理研究所近日获得起始转变温度在绝对100度以上的高临界温度超导体，这项研究成果居于国际领先地位。从此以后，报纸、电视、广播中不断传来世界各国科学家和中国科学家在超导研究中取得重大进展的消息。一时间，像一阵旋风一样，"超导热"席卷了全世界。

当一位平素并不太为人们所了解的演员突然间走红成为明星时，人们会以极大的兴趣来关注这位明星。对于当前科学舞台上超导体这位"明星"来说，大多数人还不够熟悉。那么，到底什么是超导体？超导体的研究有什么用处？超导研究的历史中有哪些重要的里程碑？科学家又为什么会对超导的研究如此重视呢？

物体的电磁性

看看我们的周围，如今多种电器已经在家庭中普遍得到应用。当你在漆黑的夜晚坐在白炽灯明亮的光线下读书时，当你在寒冷的冬季打开了电炉取暖时，你是否想到过白炽灯的光和电炉的热是怎样产生的？

物理学的发展，使我们对带电现象的本质了解得越来越深入了。我们都知道，组成物质的原子是由带正电的原子核和绕核旋转的带负电的电子构成的。在通常情况下，原子核所带的正电荷跟核外电子所带的负电荷相等。这时，原子是中性的，整个物体也不显电性，一旦物体得到或失去一些电子，使得原子核所带的正电荷跟核外电子所带的负电荷不相等，物体就表现出了带电性。而物体按照导电能力的强弱，可以分为导体、半导体和绝缘体。导体能够导电，是因为导体内部存在着可以自由移动的电荷。比如说，金属是导体，在金属内部所有的原子都按一定的秩序整齐地排列起来，成为所谓的晶格点阵。这

些原子只能在规定的位置附近做微小的振动。原子中离核较远的一些电子，容易摆脱原子核的束缚，在晶格点阵之间自由地跑来跑去，这类电子叫自由电子。如果我们把晶格点阵比作一个大的果园，原子比作果树，那么晶格中的自由电子就好像一群在果树园中随意玩耍的天真活泼的孩子。当有外力作用时，自由电子便按一定的方向移动，形成电流。这就好像一声铃响，果树园中自由玩耍的孩子，都向着一个方向跑去时一样。

玻璃、橡胶、塑料等不容易导电，我们称为绝缘体。在它们内部，绝大部分电荷都只能在一个原子或分子的范围内做微小移动，这种电荷叫束缚电荷。由于缺少自由移动的电荷，所以绝缘体的导电能力差。

还有一类物体，像锗、硅以及大多数的金属氧化物、硫化物等，它们的导电能力介于导体和绝缘体之间，我们把这类物体叫半导体。

磁铁是我们日常生活中并不罕见的物体，在磁铁的周围存在着磁场。拿一块磁铁来，这个磁铁的两端就是它的两个极——南极（S极）和北极（N极），这两个极间的相互作用是通过磁场来进行的，磁场虽然看不见摸不着，但我们可以用磁力线来描绘它。在一根条形磁铁

的上面放一块玻璃板，玻璃板上撒一层铁屑，轻轻敲打玻璃板，铁屑就会按一定的规则排列，将这些铁屑连成线条，我们叫它磁力线。它的疏密程度能反应磁场的强与弱，磁力线上面的每一点的切线方向，表示了这一点的磁场方向。电与磁是相互联系、相互转化的。我们知道，电流通过导线时，周围就会产生磁场。根据电流可产生磁场的道理，人们把导线绕成线圈，做成了电磁体，广泛应用在生产和日常生活中。

近代物理学的知识告诉我们，无论磁现象还是电现象，它们的本源都是一个，即电荷的运动。物体原子中的电子，不停地绕核旋转，同时也有自转，电子的这些运动便是物体磁性的主要来源。也就是说，一切磁现象都起源于电荷的运动，而磁场就是运动电荷的场。

不仅电流能够产生磁场，而且磁场的变化也可以产生电流，这叫电磁感应现象。电磁感应的发现，为工农业生产的电气化创造了条件。

温度是反映物体冷热程度的物理量，我们常用温度计来测量温度。人们还规定了在一个标准大气压下，冰溶解时的温度为 $0\ ℃$，水沸腾时的温度为 $100\ ℃$，在 $0\ ℃\sim100\ ℃$ 之间分成 100 等份，每 1 份就叫 $1\ ℃$。这种标定温度的方法叫摄氏温标。用摄氏温标表示温度时，应在数字后面写上符号"℃"。

在热力学理论和科学研究中，还常用另一种温标叫绝对温标，这种温标不是以冰水混合物的温度为 $0\ ℃$，而是以 $-273.15\ ℃$ 作为 $0\ ℃$，叫绝对零度。绝对温度的 1 度叫 1 开，用字母"K"表示。同一个温度可以用摄氏温标表示，也可以用绝对温标表示，它们之间的关系为：$T=t+273.15$（K），这里 T 为绝对温度，t 为摄氏温度。

水蒸气遇冷可以凝结成水，但要让空气凝结成液体，却不是件容易的事。经过长期的实践，人们发现，在一个大气压下，空气要在

81 K（约为 - 192 ℃）以下，才可以液化。换句话说，液态空气在一个大气压下的沸点为 81 K，这样人们便把低于 81 K 以下的温度称为低温。至于氢气和一些惰性气体的液化温度，那就更低了。如果我们能用特殊技术使这些气体液化，并把它们置于特殊的容器中保存起来，这样就可以获得极低的温度。这些温度和我们的生活环境差距如此之大，许多物质在这样低的温度里显示了从未有过的、奇异的特殊规律。研究物质在低温下的结构、特性和运动规律的科学，就叫低温物理。

19 世纪末，随着工农业生产的迅速发展，低温技术也日益提高，一个个曾被认为不能液化的"永久气体"相继被液化，使人们获得了越来越低的温度，为探索未知世界的奥秘提供了强有力的武器。终于在 20 世纪初叶，揭开了超导体研究的序幕。

奇异的低温世界

提起低温，我们往往会联想到千里冰封、万里雪飘的北国风光，在我国北方度过了童年时代的人们更会浮想起许多愉快的儿时往事：玻璃窗上美丽的冰花图案、雪球激战、堆雪人……居住在北方的少年朋友，你们对这些场景一定不会感到陌生吧！除此之外，我们也会想到人类的祖先曾经和漫长严寒的冰期做过多少万年的艰苦斗争，更会想到南、北极那终年不融的冰山。经过漫长的历史岁月，人们早已战胜了普通的冰雪低温。在现代，除探索地球南北极大自然的奥秘外，摆在科学工作者面前的一个任务便是向更低的温度进军了。

1784 年，英国的化学家拉瓦锡曾预言：假如地球突然进到极冷地区，空气无疑将不再以看不见的流体形式存在，它将回到液态，这就会产生一种我们迄今未知的新液体。他的伟大预言一直激励着人们试图实验气体的液化，或者尝试达到极低的温度。

法拉第是 19 世纪电磁学领域中最伟大的实验物理学家。他生于伦敦近郊的一个小村子里，父亲是个铁匠，家境十分贫寒，所以法拉第的青少年时期没有机会受到正规的学校教育，只是学了一点读、写、算的基本知识。但他勤奋自强，自学成才，完全凭借自己的努力、胆略和智慧，从一个书店报童到装订书的学徒再到皇家研究院实验室的助理实验员，最后成为一名著名的实验物理学家。

1823 年，法拉第开始了气体液化的实验研究。当时，他正在皇家学院的实验室做戴维的助手。有一天，法拉第正在研究氯化物的气体性质，他用一根较长的弯形玻璃管进行他的实验：把一种氯化物装在管子的较长端，然后密封玻璃管的两端，加热管子的较长端，他突然发现在玻璃管的冷端出现了一些油状的液滴，法拉第马上就意识到，这液滴是氯。由于加热，密封管中的压强必然增大，但只有冷端收集到液态的氯，这说明影响气体液化的因素不只是压强，除压强外，还有温度。1826 年，法拉第又做了一个实验，这次他将管子的短端放在冰冻混合物中，结果收集到的液氯更多了。从这以后，法拉第开始对其他气体进行研究，他用这种方法陆续液化了硫化氢、氯化氢、二氧化硫、乙炔等气体。到了 1845 年，大多数的已知气体都已经被液化了，而氢、氧、氮等气体却丝毫没有被液化的迹象。当时有许多科学家认为，它们永远也不会被液化了，它们就是真正的"永久气体"。

然而，实验家并没有就此罢休，他们设法改进高压技术，试图用增大压强的方法来使这些"永久气体"液化。有人将氧和氮封在特制的圆筒中，再沉入海洋约 1.6 千米深处，使压强大于 200 个大气压；维也纳的一位医师纳特勒在 19 世纪中叶曾选出能耐 300 大气压的容器来做实验，但最终都未成功，空气始终未能被液化。

法国物理学家卡尼承德·托尔，在 1822 年曾做过一个实验，他把酒精装在一个密闭的枪管中，由于看不见枪管中发生的现象，他就设法利用听觉来帮助自己。他将一个石英球随酒精一起封进枪管内，利用石英球在液体中滚动和在气体中滚动所发出的不同声音来辨别枪管内的酒精是液态还是气态。他发现在足够高的温度时，酒精完全变成了气态。

为了搞清楚这个过程是怎样发生的，他改用密封的玻璃管进行实验，在管内充入部分酒精，一边加热一边观察。然而，尽管玻璃管很坚固，每当液体只剩一半时，玻璃管就会突然爆炸。这到底是为什么呢？他再一次进行上述实验，结果玻璃管还是毫不例外地发生了爆炸。经过多次反复的实验，托尔最后得出结论：当酒精加热到某一温度时，将突然全部转变成气体，这时的压强将达到 119 个大气压。当然，在这样大的压强下，什么样的玻璃管都将会发生爆炸的。

托尔对酒精汽化现象的研究，引起了人们的重视，人们纷纷开始对其他液体进行研究，发现任何一种液体，只要是给它不断地加热，在某一温度下，它都会转变成气体，这时容器内部由气体产生的压强将显著增大。就这样，托尔对气液转变现象的研究，使他成了临界点的发现者。然而，遗憾的是，当时托尔对之并不能解释，直到 1869 年，安德鲁斯全面地研究了这一现象，才搞清楚了气液转变的全过程。

安德鲁斯是爱尔兰的化学家，见伐斯特大学化学教授。1861 年，他用了比别人优良得多的设备从事气液转变的实验。他从托尔的工作中吸取了经验，托尔用酒精做的实验是相当成功的。后来安德鲁斯换用水来做这个实验，但由于水的沸点太高，压强要大到容器无法支持的地步，因此没有做成这个实验。于是，安德鲁斯就选了二氧化碳（CO_2）作为工作物质。他把装有液态和气态的二氧化碳的玻璃容器加热到 30.92 ℃时，液气的分界面变得模糊不清，失去了液面的曲率，而温度高于 30.92 ℃时，则全部处于气态。当温度高于这个数值时，即使压力增大到 300 或 400 个大气压，也不能使 CO_2 液化，他把这种气液融合状态叫临界态，这个温度值叫临界温度。在这些实验的启示下，人们进而设想每种气体都有自己的临界温度，所谓的"永久气体"

可能是因为它们的临界温度比已获得的最低温度还要低得多，只要能够实现更低的温度，它们也是可以被液化的。问题的关键在于寻找获得更低温度的方法。

在"永久气体"中，首先被液化的是氧。1877年，几乎同时有两位物理学家分别实现了氧的液化。一位是法国人盖勒德，一位是瑞士人毕克特。

盖勒德早先是矿业工程师，他最初也是试图通过施加高压强来使气体液化。他用的工作物质是乙炔，乙炔在常温下，大约加到60个标准大气压就足以液化。可是盖勒德的仪器不够坚固，不到60个标准大气压就突然破裂了，被压缩的气体迅速跑出去，就在容器破裂的瞬间，他注意到器壁上形成一层薄雾，很快就又消失了。他立即醒悟到，这是因为在压强消失之际，乙炔突然冷却，所看到的雾是某种气体的短暂凝结，不过当时盖勒德却把它误认为是乙炔不纯，含有水汽所凝结成的水雾。于是，他从化学家贝索勒特的实验室里要了一些纯乙炔，再进行试验。实验的结果还是出现了雾，这样他才断定这雾原来就是乙炔的液滴。盖勒德的乙炔实验虽然走了一点小弯路，但却找到了一种使气体液化的特殊方法。

接着，他尝试使空气液化，以氧作为他的第一个目标。他之所以首选氧，是因为纯氧比较容易制备。他将氧气压缩到300个标准大气压，再把盛有压缩氧气的玻璃管放到二氧化硫的蒸气中，这时温度大约为-29℃，然后再让压强突然降低，果然在管壁上又有薄雾出现，他重复做了这个实验很多次，结果都是一样，最后盖勒德肯定，这薄雾就是液态氧。

有趣的是，正当盖勒德在法国科学院报告这一成果时，会议秘书宣布了不久前接到的毕克特的电报，电报说他在.720个标准大气压和-140℃下联合使用硫酸和碳酸，液化氧取得了成功。

虽然盖勒德的实验只是目睹了氧的雾滴，并没有把液态氧收集到一起保存下来，然而他的方法却在后来其他气体的液化中得到了应用。

1895年以后，低温物理学在工业上的应用与日俱增，主要用途是为炼钢工业提供纯氧。正在这个时候，英国皇家学院的杜瓦为研究绝对零度附近的物质的性质，也在致力于解决低温的技术问题。1885年，他改进了前人的实验方法，获得了大量的液态空气和液氧，并在1891年发现了液态氧和液态臭氧都有磁性。1898年，杜瓦发明了一种特殊的绝热器，当时叫做低温恒热器，后来也称为"杜瓦瓶"。他将两个玻璃容器套在一起，联成一体，容器之间抽成真空，这样的瓶就可以盛大量液氧了。1893年1月20日杜瓦宣布了他的这项发明。1898年，杜瓦用自己的新型量热器实现了氢的液化，达到了20.4 K的低温，第二年实现了氢的固化，靠抽出固体氢表面的蒸气达到了12 K的低温。

杜瓦以为液化氢的成功开启了通过绝对零度的最后一道关卡，谁知道他的残余气体中竟还有氦存在。他和助手想了很多办法，经过数年的努力，但终未能实现氦的液化。

正当世界上几个低温研究中心致力于低温物理研究时，从事低温领域研究的最出色的荷兰物理学家卡默林·翁尼斯，正以大规模的工程来建筑他的低温实验室——莱登实验室。他的实验室的特点是：把科学研究和工程技术密切结合起来，把实验室的研究人员和技师组织起来，围绕一个专题，分工负责，集中攻关。相比之下，他的低温设备规模之大，使同时代以及早于他的著名实验室的设备简直变成了"小玩具"。这样，翁尼斯领导的低温实验室——莱登实验室成了国际上研究低温的基地。

1908年的一天，历史性的日子终于到来了，这一天的实验室工作是从早晨五点半开始一直工作到夜间九点半。全体实验室工作人员都坚守在各自的工作岗位上，他们正在进行氦的液化实验，他们是多么渴望看到人类从没有看到过的液化氦啊！可是，氦气能够液化吗？大家都在担心着。墙上的挂钟"滴嗒滴嗒"地响个不停，时间在一秒一秒地消逝。人们屏住了呼吸，全神贯注地注视着液化器。他们先把氦预冷到液氢的温度，然后让它绝热膨胀降温，当温度低于氦的转变温度后，再让它节流膨胀，然后再降温，这一系列的过程在液化器中反复多次地进行着。终于在下午六点半，人类第一次看到了它——氦气被液化了！初看时还有点令人不敢相信是真的，液氦开始流进容器时不太容易观察到，直到液氦已经装满了容器，事情就完全肯定了。当时测定在一个大气压下，氦的沸点是 4.25 K。莱登实验室的所有人都异常兴奋，奔走相告，互相祝贺，欢笑的声浪传向全世界。

莱登实验室的全体工作人员并没有满足于已取得的成绩，在翁尼斯的指挥下，他们快马加鞭，乘胜前进，继续夜以继日地工作着。他们了解，如果降低液氦上的蒸气压，那么随着蒸气压的下降，液氦的沸点也会相应降低。他们这样做了，并且在当时获得了 4.25 K ～ 1.15 K 的低温。

当然，在无边无际的宇宙里，按我们的标准来看许多物质是处于极低温状态的，但是在地球上，人类以自己的智慧和劳动踏入了从未进入的奇异低温世界。1908 年以来，人类经过了 93 年的研究，在这个奇异世界里，人们发现了许多奇异的现象，其令人神往之处不亚于南北极的冰天雪地，更胜过宇宙中的低温，因为在这里人们可以控制实验室条件，细心地观察新的事物。在现代，液氦制冷的低温技术仍是低温领域中的重要手段，大量的实验工作离不开氦液化器……人们有理由为此感到自豪，同时也期待着，在这个低温世界里会看到怎样更新的天地啊！

揭开超导研究的序幕

事物都是一分为二的，导体的一方面有善于导电的性质，另一方面又对电流有阻碍作用。这是因为自由电子在定向运动中，还不时地和处于晶格点阵上的正离子相互作用而产生碰撞，从而阻碍自由电子的运动。这种对运动电荷的阻碍作用称为电阻。在一般情况下，所有导电的物体，即使导电性能最好的银，也有电阻，电流通过时，仍然会发热，选成损耗。这是在常温下物体的性质，那么在温度为 $4.2\ \mathrm{K}$，乃至更低的温度下，物体的性质有什么变化呢？

1911 年，翁尼斯和他的助手在实验中发现了一个特殊的现象：当金属导体的温度降到 $10\ \mathrm{K}$ 以下时，其电阻会明显下降，特别是当温度低于该金属的特性转变点以下时，电阻会突然下降到 10^{-9} 欧姆以下。这种现象是以前没有发现的，大家对此都非常感兴趣，于是他们取水银作为研究对象。一天，当他们正在观察低温下水银电阻的变化的时候，在 $4.2\ \mathrm{K}$ 附近突然发现：水银的电阻消失了。这是真的吗？他们简直不敢相信自己的眼睛了。他们在水银线上通上几毫安的电流，并测量它两端的电压，以验证水银线上的电阻是否真的为零。结果他们发现，当温度稍低于 $-269\ ℃$（$4.2\ \mathrm{K}$）时，水银的电阻确实突然消失了。毫无疑问，水银在 $4.2\ \mathrm{K}$ 附近，进入了一个新的物态。在这一状态下，其电阻实际变为零。

翁尼斯和他的助手反复研究了这一现象，他们把这种在某一温度下，电阻突然消失的现象叫超导电现象，把具有超导电现象性质的物质叫做超导体，把物质所处的这种以零电阻为特征的状态，叫做超导态。尽管翁尼斯等人已经明确给出了超导体的一些明确定义，但是要识别零电阻现象并不是很容易做到的。在当时的实验条件下，用仪表直接测量来证明水银的电阻为零，实际上是很难做到的。于是，翁尼斯又设计了一个更精密的实验：他将以前的装置进行了简化和改进，把一个铅制的圆圈放入杜瓦瓶中，瓶外放一磁铁，然后把液氦倒入杜瓦瓶中使铅冷却变成超导体，这时如果将瓶外的磁铁突然撤除，铅圈内便产生感应电流。如果这个圆铅环的电阻确实为零，这个电流就应当没有任何损失地长期流下去，这就是著名的持续电流实验。实际上，在 1954 年，人们在一次实验中开始观察，这个电流从 1954 年 3 月 26 日开始，一直持续到 1956 年 9 月 5 日，在长达二年半的时间里，持续电流未见减弱的迹象。最后，由于液氦供应中断才使实验中止。这就是说，圆环里面的电子，好像坐上了没有任何摩擦的转椅，一旦转动起来，就一直转下去，几年停不下来，永远也停不下来了。

直到目前为止，还没有任何证据表明超导体在超导态时具有直流电阻。最近，根据超导重力仪的观测表明，超导体即使有电阻，电阻率也小于 10^{-25} 欧姆·米，和良导体铜相比，它们的电阻至少相差 10^{16} 倍，这个差别就好像用一粒直径比针尖还要小的细砂去和地球与太阳之间的距离相比，这真是天壤之别了。可以认为，超导体的直流电阻就是零，或者说，它就是一个具有完全导电性的理想导体。

低温技术的发展，使人们获得了比液氦温度更低得多的温度。对大量金属材料在低温下检验的结果表明，超导电性的存在是相当普遍的。目前已发现二十多种金属元素和上千种的合金化合物具有超导电性。从元素周期表中，我们可以看到：金、银、铜、钾、钠等金属良导体是不超导的；铁、钴、镍等强铁磁性或强反铁磁性物质也是不超导的，而那些导电性能差的金属，如钛、锆、铌、铅等都是超导体。

为什么金属良导体反而不是超导体？为什么超导体对直流电是完全导电的理想导体，对交流电却有电阻呢？人们在更进一步探索新事物本质的过程中，这些问题逐一得到了解答。

1911 年，翁尼斯在发现超导电性的同时，还发现超导电性能够被足够强的磁场所破坏，但是人们的注意力当时集中在零电阻现象上，一直认为零电阻是超导体的唯一特性。一直到 20 世纪 30 年代，荷兰人迈斯纳和奥森菲尔德按照翁尼斯的发现，对围绕球形导体（单晶锡）的磁场分布进行了细心的实验测量。他们惊奇地发现：对于超导体来说，不论是先对其降温后再加磁场，还是先加磁场后再降温，只要是对它施加磁场，而且锡球渡过了超导态，在锡球周围的磁场都突然发生了变化，当锡球从非超导态转入超导态时，磁力线似乎一下子被排斥到超导体之外，这就是说，超导体内部的磁感应强度总是零。这个现象叫超导体的完全抗磁效应，由于是迈斯纳等人具体操作发现的，所以也叫"迈斯纳效应"。为了观察和了解超导体的完全抗磁性，迈斯纳等人又设计了一个简单易观察的实验，让我们来了解这个效应。

在一个长圆柱形超导体样品表面绕一个探测线圈，沿着样品的轴线方向加一个磁场。这时，长圆柱形样品的磁通量增加，线圈中就出现瞬时电流，这时电流计指针就向正方向转过一个角度，然后慢慢冷却样品，当温度经过转变温度点时，电流计指针突然出现一个反方向转角，偏角的大小与正向偏角相等，接下来无论是撤出或是增加外磁场，电流计的指针再也没有丝毫偏转。为什么会出现这样的实验现象呢？原来，当圆柱形样品被降温经过临界温度时，探测线圈内出现了一个和当初加上外磁场时大小相等、方向相反的瞬时电流。根据电磁感应定律，我们可以知道，产生这个电流的原因，是因为磁通量的减少。

这就告诉我们，在物体进入超导态的那一瞬间，穿过样品的磁通量突然全部被排出去了。这以后人们也进行了很多实验，所有的实验结果都表明：只要样品处于超导态，它就始终保持内部磁场为零，外部磁场的磁力线统统被排斥到体外，无论如何也无法穿透它。

人们常常喜欢用流体的流线来比喻磁场的磁力线，我们也可以这样来比喻超导体的完全抗磁性。在临界温度以上，处于外磁场中的超导体和普通金属导体一样，好像一只浸泡在河水中的竹篮子，河水可以自由地从篮子里面穿过。而当温度一旦降低到临界温度以下时，竹篮子的器壁突然变得致密起来，变成了一只滴水不透的木桶了，河水只能从它周围流过。为什么会有这种情况出现呢？原来在超导体的表面产生了一个无损耗的抗磁超导电流，正是这个抗磁超导电流产生的磁场恰好将超导体的内部磁场抵消了。

既然超导体可以无损耗地传输直流电流，可是任何电流都必然要产生磁场，而超导体的完全抗磁性又不允许内部有任何磁场存在，那么这个矛盾怎样解决呢？

当电流沿着一个圆筒形的空心导线流过时，它产生磁场的情形是我们大家都熟悉的。这时候电流只是均匀地分布在圆筒的各个部分，圆筒的心部（空心部分）没有电流。由于圆筒的对称性，它的各部分上的电流在心部所产生的磁场彼此恰好抵消，因此心部合磁场为零。电流的磁场只分布在圆筒及其外部空间上。超导体传输直流超导电流时的情形也是这样，超导电流只存在于超导体表面的薄薄的一层，叫作穿透层，超导体内部不允许有任何宏观电流流过，就好像一个薄薄的圆筒形导线一样。超导电流的磁场只分布在穿透层及其外部空间上。这样既完成了传输超导电流的任务，又不会在超导体内产生任何磁场。

超导体和正常金属中，电流的分布是不同的。假如一根超导线两端和铜线相连，那么在铜线中流过的是正常电流，它均匀地分布在整个铜线的横截面上，在超导线中流过的是超导电流，它分布在超导体表面的薄薄的穿透层中。我们可以把铜线比作宽阔平坦的公路，超导体就可以说是一条有街心公园的大街，车辆只能从两侧驶过。在两端的接头处，发生了正常电流和超导电流之间的转化。

超导体的完全抗磁性是无法用超导体所具有的完全导电性来解释的，因为一个电阻为零的单纯的完全导体，它只能保证自己内部的磁通量不再发生任何变化，原有的磁通量不会失去，新增的磁通量也不能进来。内部磁场是否为零，取决于超导体原来的状况，就是要由它的历史状态来决定。但是实验中所观察到的超导体的性质却不是这样。由于超导体的完全抗磁性，不管原来内部有没有磁通量，一旦变成超导态，立即将全部磁通量都排斥出去，内部磁场永远为零，与历史状态无关。可见，完全抗磁性和完全导电性是超导体的两个基本特性，它们彼此之间不能由一个推导出另一个。因此，我们不能说超导体是单纯的理想导体，或单纯的理想抗磁体。

解开超导之谜

科学的任务要求我们不断地发现新事物并为它的应用开辟道路，不仅要发现新现象，还要揭示它的本质。超导体既不是单纯的理想导体，又不是单纯的理想抗磁体，那它到底是什么呢？

在探索超导体本质的科学实验过程中，随着它的性质一个又一个地被揭示出来，人们的认识也一层又一层地逐步深化。有这样一个实验现象引起了人们的极大兴趣：我们将超导体在转变过程中不和外界发生热量交换，将超导体放入一个绝热器中，给它加一个非常大的磁场，这样超导体在大磁场的作用下将转变为正常态，这个磁场叫超导体的临界磁场。这时候，转变为正常态的超导体，它的温度将下降；相反，还是在这个绝热器中，撤掉外加磁场，使它回到超导态，它的温度又将升高。如果我们设法保持温度不变，即在等温条件下转变，我们发现当外加磁场超过临界磁场，超导体由超导态转变为正常态时要吸收热量，反之则要放热。这种伴随着热量变化的状态改变，使人们想到了相变。

相变对我们大家来讲并不陌生。春天来了，和煦的阳光照着大地，冰雪消融，化作涓涓细流，汇入江河湖海。这是水从固相变成了液相，也叫固态变成了液态。根据日常的经验，我们知道，冰雪化成水时，要吸收许多热量，常常造成气温下降。"下雪不冷化雪冷，春天冻人不冻地"这一句俗语说的就是这个道理。固体受热变成液体，所吸收的热量叫熔解热。盛在敞口容器里的水会慢慢地枯竭，晾在院子里的湿衣服会逐渐变干，开水壶里的水越烧越少，这都是因为水变成水蒸气跑到空气中去了，这时水从液态就成了气态。手沾水后感到凉；水在沸腾时尽管在火炉上继续加热，但温度并不升高。这些现象都说明液体在汽化时要吸收热量，这个势量叫作汽化热。

自然界许多物质都是以固、液、气三种形态存在着的，并且这三种形态可以互相转变。物质的这种形态叫作相（或者态），不同形态之间的转变叫相变。伴随着相变而吸收或放出的热量叫物质的潜热。

对于有些物质来说，固态的存在形式往往有很多种。许多固体在不同的温度和压强下，内部的粒子（分子、原子等）有各自不同的规则排列，即各种不同的点阵结构，不同的点阵结构的固体也属于不同的相。因为固体从一种点阵结构变为另一种点阵结构的过程，也是一种相变，称为同素异晶转变。固体的这种相变，也伴随着热量的变化。

超导体由正常态到超导态的转变过程中，有潜热发生，因此也是一种相变，也就是说，超导态是固体的一种新的状态。处于超导态的超导体既不是简单的理想导体，也不是简单的理想抗磁体，它与导体、半导体和绝缘体有着本质的区别。当我们认识了超导态与正常态之间的新的相变过程之后，可以说，我们对超导体的研究已经更加深入了一步。由于近半个世纪许多物理学家的辛勤劳动成果的积累，揭开超导之谜的时机已经逐渐酝酿成熟，应该是瓜熟蒂落的时候了。

自然界中的所有相变，虽然彼此是不同的，各有它们自己的特殊性，但是在微观上看来，却都具有一个共同的地方，就是物质在发生相变的时候，都伴随着组成物体的微粒的分布秩序的变化。

用 X 光对超导体内部结构的检验表明，在正常态向超导态转变前后，物质的晶格结构并没有变化，超导态物质的原子和正常金属原子一样，整齐地排列在晶格上。事实上，超导体内部秩序的改变并不是发生在原子之间，而是发生在更小的微粒——电子之间。

超导体在正常态时，它的原子失去部分电子而以离子形式排列在晶格上，脱离原子的自由电子弥散在整个导体内部，形成"电子气"，这时的电子是全然没有秩序的。进入超导态以后，自由电子不再是完全没有秩序的气体，而是同具有一定秩序的液体分子很相似了，其中一部分电子两两携起手来，结成了有秩序的电子对。随着温度的降低，结成电子对的电子越来越多，从而秩序越来越好。当温度无限接近于绝对零度的时候，所有可能结成对的电子都成为有秩序的电子对了。这时，电子就从漫无秩序变成井然有序了。所以超导态和正常态的最基本的区别就在于超导态中存在着有秩序的电子对，它的完全导电性，完全抗磁性，全都是由这种有秩序的电子对引起的。

电子都带有负电荷，同性电荷互相排斥，但超导体内的电子却能互相结合，形成电子对，这是为什么呢？原来在它们之间除静电斥力外，还有一种通过晶格振动的间接作用而引起的吸引力。间接作用是一种相当普遍的现象，在日常生活中我们经常会看到这样的情形：在一座铁索桥上，相隔一定的距离走着甲、乙两个人，当甲行走时，使铁索摇晃，因而乙也随着摇晃起来，这就是甲和乙之间的间接作用现象。在超导体内，组成晶格的离子，以一定的作用力相互作用着，每个离子的运动都是彼此关联的，它们的运动是作为不可分割的整体进行的集体运动。这种集体运动的结果，形成一个以声速在晶格上传播的叫作格波的波动。当一个电子和晶格发生了作用，电子的动量发生了改变，晶格的运动也发生了改变；下一时刻另一个电子也可能和晶格发生作用，恰好使晶格恢复了原来的格波运动。这样，通过电子一晶格作用，晶格的运动没有改变，两个电子的动量却发生了变化，这就是它们之间的间接作用。

通过大量的计算，人们得知，由晶格引起的这种间接作用是吸引力。很显然，这种作用越强，吸引力就越大。处于正常态的超导体，随着温度的降低，电子热运动逐渐减弱，当温度达到临界温度时，电子间的间接作用力大于静电斥力，电子间的总作用力是吸引力，这样电子便两两结合成为有秩序的电子对。物体由正常态转变为超导态时，温度越低，电子间的吸引力越强，结成的电子对就越多。反之，处于超导态的超导体，随着温度的升高，由于热激发，有些电子对吸收了一定能量，便拆开为单个电子。温度越高，拆开的单个电子越多，电子对就越少。当温度超过临界温度时，电子对全部拆开成为单个电子，超导电性消失，物体便处于正常态了。

就是这样，当一切问题在物理学家的手里一一得以解决之后，超导之谜也就大白于天下了！1972 年，全世界许多人都以尊敬的目光注视着美国科学家巴丁在这一年再度获得诺贝尔奖金，成了世界上唯一的两次获得诺贝尔物理学奖的人。这次，他是和两名年轻的物理学家库柏和徐瑞弗共同获得的。他们终于成功地用电子对阐明了物理学上长期的疑难问题——超导电现象，建立了微观超导理论，现在通常把他们所建立的超导微观理论称为 BCS 理论。有了科学的理论，也就找到了解决种种疑难问题的钥匙。

科学家在回顾 20 世纪已度过的时光和展望未来时，对超导电的发现、发展感到欢欣鼓舞，一派春光在前。在短短的几十年里，数以千计的超导磁体在工作着。各种大规模的磁体正广泛应用在各个领域，装备着许多现代化的实验室，用于一系列的尖端科学研究。

超导发电机的诞生，使得发电机的输出功率一下子提高了几十倍、几百倍，使得电子技术的发展进入了一个崭新的历史阶段。磁流体发电已应用于军事上的大功率脉冲电源和舰艇电力推进的技术上。

利用超导磁体实现磁悬浮，使我们的列车像插上了神奇的翅膀，车一开动，很快就可以加速到时速 50 千米，跑过五六十米的一段距离之后，便在轨道上悬浮起来。当时速超过 550 千米时，前进的阻力只是空气的阻力了，如需要再进一步减少阻力，可以设想在真空管道中运行，时速可以提高到 1600 千米，可以想像，未来的超导列车将是怎样的风驰电掣啊！

第三章

学生化学发明启迪

1. 现代炼钢技术的发明

　　直到 *19* 世纪中期，欧洲炼钢仍然采用搅拌法，即是把生铁加热到熔化或半熔后，放进熔池中进行搅拌。它借助搅拌时空气中的氧气将生铁中的碳氧化掉，这正是 *1600* 多年前我国汉朝时代出现的炒钢法。*1860* 年在英国大约有 *3400* 座搅拌炼钢池，通常每 *12* 小时搅炼一池，每池 *250* 千克。

　　在搅拌池中炼钢很难控制钢中碳的含量，而且要耗费很大的人力。*1856* 年，英国人贝塞麦（H. Bessemer）创造了一种转炉炼钢法，解决了这个难题。

　　贝塞麦是一位法国大革命时逃亡到英国的机械工程师的儿子，少年在离开乡村学校后当上铅字浇铸工，*17* 岁开始经营生产金属合金和青铜粉，在参加英国、法国与沙皇俄国对抗的克里米亚（Crimea）战争（*1853—1856*）中，目睹用生铁或熟铁制造的炮身经受不住火药的爆炸力，常常产生爆裂，遂促使他寻找一种生产钢的方便方法。

　　贝塞麦曾经注意到一些固态的铸铁块在熔化前由于暴露在空气中而脱碳了，当然这种氧化作用就是搅拌法炼钢的原理，他没有学过化学，不了解这个原理，但却使他考虑到把空气鼓入铁水中炼钢。于是在 *1856* 年的一天，他在伦敦圣潘克拉斯（St. Pancras）建成一座炼钢炉。

　　这是一座固定式容器，可盛放 *350* 千克铸铁。把空气加压鼓入容器中后，反应的猛烈程度使贝塞麦大吃一惊，因为他没有估计到铸铁中碳与空气中氧气的反应以及其他杂质与氧气的反应会放热。幸好，

10 分钟后，当杂质已除去后，火焰平息了，可以走近容器，切断加压的空气流。金属被注入锭模中，经测定是低碳钢。1856 年 8 月 11 日，贝塞麦在切尔特南（Cheltenham）不列颠协会的会议上公布了这一创造发明。很快，贝塞麦制成一种可转动的可倾倒式转炉，每炉可容纳 5 吨生铁，熔炼时间为 1 小时，包括补炉和铸锭的时间在内，大大缩短了搅拌炼钢的时间，更减少了搅拌熔炼操作所费的力气。于是，国内外炼钢厂纷纷购买此法的生产许可证。

　　贝塞麦在宣布他的创造发明后受到各界人士的热情赞扬，但是很快就遭受到批评和嘲讽，原因是用他创造的转炉炼出的钢锭由于氧化过度，生成的氧化铁存在钢中，同时生铁中的磷未能除去，使钢的质量很差，不是疏松，就是硬脆，在锻打时发生断裂。

　　关于钢中存在过量氧化铁的问题，后来由英国一位富有炼钢实践经验的冶金工程师马希特（R. F. Mushet）解决了，他在熔化了的金属中添加称为镜铁的铁、锰和碳的合金，因为锰能将生成的氧化铁还原。

　　除去铁矿石中的磷是炼钢中长期未解决的问题。贝塞麦和其他所有炼钢炉的建造者一样，用含硅的材料作为炉的衬里。这种炉衬不会和磷被氧化生成的氧化物结合，不能把这种稳定的化合物从钢中除去。贝塞麦只能选用含磷低于 0.05 %（质量分数）的矿石炼成铁后再炼钢。

　　除磷的问题后来却由英国一位法院的书记员托马斯（S. G. Thomas）经试验后解决了，在 1878 年获得成功。

　　托马斯虽然是一位法庭书记员，却热爱化学。他利用业余时间进伦敦大学伯克培克（Birkbeck）学院进修化学课程，并通过英国皇家矿业学院冶金学和化学的考试。他在得知贝塞麦炼钢中需要解决除磷的问题后，用各种化学物质，包括氧化镁和石灰等进行试验，在他的表弟吉尔克里斯特（P. C. Gilchrist）的协助下，他在布莱纳封（Blaenavon）的炼钢厂用一个转炉进行试验，他的表弟正是这个炼钢厂的化学师。他们两人在1877—1878年进行了9个月的试验，证明经焙烧过的白云石用石灰黏结作为转炉衬里能满意地除去磷，而且还同时生产出宝贵的磷肥，后人为纪念他，至今把这种磷肥称为托马斯磷肥。

白云石是含有碳酸镁、碳酸钙的岩石，焙烧后生成氧化镁、氧化钙等，能与磷的氧化物化合生成镁和钙的磷酸盐，是很好的磷肥。

1883年托马斯获得贝塞麦奖章，可惜因患肺结核病，35岁即逝世。贝塞麦发明创造的转炉炼钢法在得到托马斯等人的改进后一直沿用至今。现今使用的转炉可以绕水平轴旋转，便于加料和卸料。炉底有气孔，从气孔鼓入空气。用它炼一炉钢需十几分钟，容量从一吨到数十吨不等。

随着工业的发展，在生产建设和日常生活中出现了大量的废钢、废铁。这些废料在转炉中不能利用，于是在出现转炉炼钢的同时，出现了平炉炼钢。

在转炉炼钢中，使金属保持液态所需的热量是由化学反应所产生的热提供的，但在平炉炼钢中，化学反应产生的热量不足以使金属保持熔融状态，所以必须由外部热源供应热量。

1856年，德国人弗雷德里克·西门子（Frederick Siemens）利用热再生原理创建一种交流换热炉。这是在燃烧炉两侧各建一个蓄热格子砖室，从燃烧炉中出来的炽热的燃烧废气通过一边的格子砖室，将热量传给格子砖，随后将燃烧用的空气通过被加热的砖室，提高温度后进入燃烧室燃烧，从而提高了炉温。每隔一定时间，交换空气和废气的流动方向，使两边的蓄热室交替使用。这种炉子最初被用来烧制玻璃，后来被用来炼钢，这就是平炉。最初，在平炉中燃烧固体燃料。1861年弗雷德里克·西门子的兄弟威廉·西门子（William Siemens）

创造一种煤气发生炉，生产发生炉煤气。这是将定量的空气和少量水蒸气通过燃烧的煤或赤热的焦炭，使之生成的二氧化碳尽可能转变成可燃的一氧化碳。水蒸气与碳反应后生成可燃的一氧化碳和氢气。

威廉·西门子是一位工程师，在德国接受正规的技术教育后来到英国；弗雷德里克·西门子在德国得累斯顿（Dresden）经营电气公司，也曾到英国。他们兄弟二人认为英国鼓励工程技术人员和发明创造者，在英国申请专利比较方便。他们于 1866 年在英国伯明翰（Birmingham）共同建立西门子钢厂，利用平炉进行炼钢。

西门子兄弟共四人，都是出色的发明家。威廉是老二，弗雷德里克是老三。老大维勒·西门子（Werner Siemens）是一位电化学家，发明发电机原理，创建德国西门子公司。最小的弟弟卡尔·西门子（Carl Siemens）在俄罗斯创办企业。这样，维勒被称为"柏林的西门子"；威廉被称为"伦敦的西门子"；弗雷德里克被称为"德累斯顿的西门子"；卡尔被称为"俄罗斯的西门子"。

差不多在同一个时期，法国冶金学家马丁（P. Martin）和他的兄弟同样利用热再生原理，建立平炉，在法国锡雷（Sireuil）建厂生产。他们生产的钢在 1867 年巴黎博览会上展出获金质奖章。马丁在 1915 年获英国钢铁学会授予的贝塞麦奖章。

2. 农药的发明

人们从远古时代开始进行农业生产后，就出现跟病、虫、鼠、杂草争夺收获的斗争了。随着近年来世界人口的迅速增加，这种斗争就更加剧烈。施用农药是一种切实可行的斗争手段。

农药的使用和医药一样，最先是采用天然物质，然后是提取有效成分，最后是化学制取。

莽草、附子等都是我国古书中出现的驱虫农药。莽草是一种常绿灌木，产于我国长江中下游各地，果实剧毒。附子是乌头块根的侧根，有毒。乌头是一种多年生草本，有块根，内含植物碱——乌头碱，毒性很大。我国古代猎人用它的汁液涂敷在箭头上狩猎动物，也用于战争中。我国农村至今还广泛使用艾蒿薰蚊。

烟草、除虫菊、鱼藤等有毒植物是世界各地广泛应用的农药。除虫菊酯、鱼藤酮就是从除虫菊、鱼藤中提取的物质。

砒霜（As_2O_3）、雄黄（As_2S_3）、雌黄（As_2S_3）这些含硫和砷的天然矿物和天然硫磺是世界各地普遍使用的驱虫药、农药和灭鼠药。

1858 年，欧洲首先把二硫化碳（CS_2）作为一种化学制取的物质用来防治葡萄蚜虫。接着在美国，马铃薯甲虫猖獗，1860 年开始使用巴黎绿防治。巴黎绿的化学名称是醋酸亚砷铜 [$(CH_3COO)_2Cu\cdot 3Cu(AsO_2)_2$]，是一种深绿色粉末，除防治马铃薯甲虫外，能防治果树和蔬菜的多种害虫。

1882 年，硫酸铜被用于杀菌，事出偶然，却揭开了杀菌剂史上光辉的一页，这就是波尔多液。波尔多（Bordeaux）是法国大西洋沿岸的一个小城，它本是默默无闻的，只是由于一件偶然事件使它闻名于世。这个地方的一位葡萄园主用硫酸铜和石灰水的混合液喷洒在路边的葡萄上，以防止过路人随手采摘。1878 年葡萄霜霉病大发生，园主发现喷洒过这种混合液的地方没有受到霜霉病的侵害，葡萄得以丰收，经过法国植物生理学家的研究，证明这种混合液对多种植物的病害具有防治效果，很快就风行全世界，被称为波尔多液。

有机合成农药到 20 世纪 20 年代出现，从此农药开始了大规模生产，成为化学工业的一个生产部门。最早使用的是有机氯杀虫剂，其中被普遍使用的是滴滴涕和六六六。

1874 年，德国一位化学博士研究生蔡德勒（O. Zeidler）在他的论文中叙述了合成二氯二苯三氯乙烷这种化合物，没有谈到它的杀虫作用。后来这种化合物又简称"二二三"。因为在英文中二是 di，三是 tri，因此它又称"DDT"。我们从音译成滴滴涕，也有点用它喷洒时的形象。过了 60 多年后，*1925* 年瑞士巴塞尔（Basel）城嘉基（J. R. Geigyr）公司化学家米勒（P. H. Müller，*1899—1965*）再次制得它，并发现它的杀虫效能。*1942* 年公司开始大量生产。*1944* 年意大利那不勒斯（Naples）城发生大规模斑疹伤寒，在普遍喷洒滴滴涕后几天，斑疹伤寒就被控制了。*1945* 年在南太平洋上用飞机喷雾灭蚊，控制住了当地发生的疟疾。据联合国粮农组织统计，*1948—1970* 年间，由于使用了滴滴涕灭蚊，挽救了 5 000 万人免遭疟疾病死。滴滴涕被广泛用于消灭卷叶虫、红铃虫、蚊、蝇、臭虫、蟑螂等。米勒因此获得 *1948* 年诺贝尔生理学和医学奖。

六六六是在 *1945* 年由英国帝国化学工业公司化学家斯莱德（R. E. Slade）首先制成，这是将氯气在日光或日光灯照射下通入苯中制得，因分子中含有六个氯原子、六个碳原子和六个氢原子而得名，学名六氯化苯，*1946* 年开始大规模生产。它和滴滴涕一样可以有效地消灭害虫，特别适用于防治蝗虫、稻螟虫、小麦吸浆虫等农业害虫和蚊、蝇、臭虫等卫生方面的害虫。

滴滴涕和六六六制造简单，防治害虫有效，但长期使用后，在土壤和农作物中会残留很久，不易分解，造成人畜体内大量积聚，严重危害人体健康。因此，在风行一时后自 *1971* 年起许多国家相继宣布禁用，我国也在 *1983* 年间停止生产和使用。

在有机氯杀虫剂出现后不久，有机磷杀虫剂问世，随即填补了有机氯杀虫剂被禁用后杀虫剂的空白。有机磷杀虫剂并非无毒的，但是它们多数在环境和生物体中不会长久存留，能被分解成无毒的和水溶性的物质，从体内排出。

有机磷农药是从德国在第一次世界大战后研制化学毒剂时开始，其中包括 1932 年制成的塔崩（tabun）、1937 年制成的沙林（sarin）等。由于它们的毒性过于强烈，没有用作农药。1995 年 3 月 20 日，日本东京地铁发生的毒气事件，就是放置了沙林，它是一种破坏神经系统的剧毒——有机磷毒剂。这次事件使 5 000 多人中毒，12 人死亡，震惊世界。

德国农业化学家施雷德（G. Schrder）参与了上述研制工作，他研制成 300 多种药物，经过筛选后，采用了其中一些。最早使用的是 1938 年发现的特普（TEPP），学名四乙基焦磷酸酯。1944 年发现的对硫磷，又称 1605，学名二乙基（对硝苯基）硫代磷酸醋。

1950 年，美国氰胺化学公司发现低毒杀虫剂马拉硫磷后使用机磷农药成为一类最重要的农药，德国、瑞士、日本各大公司先后研制成各种有机磷农药。马拉硫磷又名马拉赛昂、马拉松等，学名二乙基[（二甲氧基膦基硫基）硫代]二丁酸酯。

接着 1952 年～1954 年间研制出敌百虫，1956 年研制出乐果。乐果是第一种对哺乳动物低毒的农药。1965 年又研制成功久效磷。至今，全世界使用的有机磷农药已超过百种，提供筛选的已有几百种，而且还在不断出现新品种。

在 20 世纪 40 年代前，最早使用的灭鼠药是植物碱马钱子碱、红海葱、黄磷、磷化锌（Zn_3P_2）、硫酸亚铊（Tl_2SO_4）、碳酸钡（$Ba-CO_3$）等，20 世纪 40 年代后出现安妥（ANTU），又称硫脲，还有 1080，学名氟乙酸钠。

除草剂是消除田间杂草的药剂。这是一项艰难而很有技巧的工作，因为这些药剂既要除去杂草而又不伤害农作物，而杂草和农作物都是植物。最初使用的是一些无机化合物，如硫酸铜、硫酸铁等。现在使用的多是复杂的有机化合物，如敌稗、除草醚等，其制品迅速发展达数百种。

去叶剂是一种近似除草剂的供棉花在收获前脱叶用的药剂，这是便于机械收摘而采用的药剂。在棉花收获前喷洒，叶子很快脱落，机械收摘就比较方便而有效了。

植物生长调节剂能刺激植物插枝、插条的根部的生长。最常用的是 *2，4-D*（或称 *2，4- 滴*），还有萘乙酸等。

为了提高农业生产的效率，解决全世界人口日益增长对粮食的需求，农药在日新月异地发展着。

3．炸药的发明

今天全世界很多人都知道诺贝尔（Nodel）这个姓氏，因为每年都有几位卓越的科学家、经济学家、爱好和平的人士被评定获得以这个姓氏命名的巨额奖金和崇高的荣誉，并通过网络、电台和电视台等形式向世界各地传播，各种各样的书籍中也记述着诺贝尔奖获得者的事迹。

诺贝尔全名是阿尔弗雷德·贝恩哈德·诺贝尔，瑞典人，*1833* 年 *10* 月 *21* 日生于瑞典首都斯德哥尔摩，在他父母幸存的 *4* 个儿子中排行第三。诺贝尔出生后不久，*1837* 年父亲破产，出走芬兰谋生，几年后移居俄国，在彼得堡从事制造机器、铁件和军工设备。*1842* 年 *10* 月母亲携带孩子从瑞典到俄国和父亲共同生活。诺贝尔到俄国前因体弱只接受了 *1* 年正规教育，到俄国后他和他的兄弟接受瑞典和俄国私人教师的教育，其中有俄国化学家齐宁。

1850 年，诺贝尔 *16* 岁，到德国、法国、意大利和北美学习两

年，成为一位通晓多国语言和爱好化学的青年人。诺贝尔回到俄国后，这个国家卷入对抗英国、法国的克里米亚（Crimea）战争（*1853—1856*）。他的父亲忙于制造大量军用物资，包括水雷，他和他的两个哥哥也在工厂里工作，获得不少实践经验。当时使用的炸药仍是黑火药，齐宁提出改用硝化甘油。这是 *1847* 年意大利化学家索布雷罗（A. Sobrero）首先用硝酸和硫酸作用于甘油而制得的一种易爆物质，受到震动、热、摩擦或机械作用都可能发生爆炸。于是，诺贝尔一家开始了硝化甘油的研究和制造。

战后俄国政府取消了和工厂签订的合同，他的父亲再次宣告破产，*1859* 年回到瑞典，正如离开瑞典时一样穷困。诺贝尔和他的两个哥哥留在俄国挽救他们家庭的企业。在这期间，诺贝尔获得了关于气量计、水表和气压计的发明专利，激发了他作为一个发明家的兴趣。

1863 年，诺贝尔回到瑞典。他和他父亲获得一笔贷款，重新开始制造硝化甘油的研究。就在这一年，诺贝尔发明了他的第一件划时代的发明——诺贝尔专利发火件。这种发火件的初始构造是将液体的硝化甘油装在一个金属管或其他密封的管中，再在其中放入一个装有普通火药的小木管，从小木管的盖子上引进一根导火线，使硝化甘油的爆炸由小木管中火药爆炸的冲击波引起，而不是依靠直接点燃。这个原理是爆炸科学的一大进展，创造了控制硝化甘油起爆的方法。*1865* 年，他将装黑火药的小木管改换成装雷酸汞 [Hg（CNO）。] 的金属管。因此，诺贝尔专利发火件又称"诺贝尔雷管"，简称"雷管"。

雷酸汞是一种起爆药，是 *1799* 年首先由英国化学家霍华德（E. C. Howard）将硝酸、乙醇（酒精）和汞共热而制得。

1864 年，诺贝尔和他的父亲在斯德哥尔摩郊区赫伦内堡（Heleneborg）建立了一座制造硝化甘油的实验室。这年 *9* 月 *3* 日实验室发

生爆炸，死 5 人，其中有他的弟弟。他当时不在场，得以幸免。

实验室爆炸和弟弟被炸身亡没有吓倒诺贝尔。他把实验仪器设备搬到一艘远离城市、停泊在湖心的驳船上进行实验。1865 年世界上第一座生产硝化甘油的工厂在斯德哥尔摩附近一个隔离区温特维肯（Vinterviken）建成投产，诺贝尔身兼厂长、工程师、会计员、推销员……接着在德国汉堡（Hamburg）附近的克鲁梅尔（Krümmel）建成另一座生产工厂。

硝化甘油被装在锡制罐或玻璃坛中，用木条板包装后运输。但是，硝化甘油在贮存和运输过程中还是存在易爆炸的危险。一艘装运硝化甘油的轮船在从汉堡驶往智利的途中，在大西洋遇到大风浪，由于颠簸发生爆炸而沉没；在德国，一家工厂在搬运时因冲撞而爆炸，整个工厂和附近民房变成一片废墟；在美国，一列火车被炸毁。针对这些事件，搬运工人拒绝搬运，瑞典政府和其他一些国家政府下令禁止生产和运输诺贝尔的炸药。

困难和挫折没有使诺贝尔屈服，他顽强地进行试验，努力克服遇到的障碍。1867 年的一天，诺贝尔注意到一个装有硝化甘油的罐子在卸货时破裂，漏出的硝化甘油被硅藻土吸收，形成固体物，爆炸力比纯硝化甘油低，但是安全。硅藻土是微小海洋生物遗体的多孔含硅骨骼，当时用作装运硝化甘油坛罐的衬垫，以防震动。诺贝尔几经试验后，确定采用 3 份硝化甘油和 1 份硅藻土混合，制成粉末状固体，具有纯硝化甘油 75 % 的爆炸力，却免除了可怕的易爆危险。诺贝尔借用希腊文 dynamis（力量）一词命名它为代拿买（dynamite）炸药，又称"黄色炸药"。

1867 年，代拿买炸药在瑞典和英国取得专利，1868 年在美国取得专利。它被用来筑路、开凿运河、开掘油井和矿山，在开挖希腊科林斯（Corinth）运河中，在清理流经罗马尼亚与南斯拉夫之间多瑙河的铁门（Iron Gate）峡谷中，在修筑瑞士圣哥达（St. Gotthard）的铁路线中，都显示出威力。

诺贝尔继续从事炸药生产的研究。*1875* 年的一天，他在一次试验中划破了手指，他随手用火棉胶涂敷，形成一层具有弹性的膜以保护伤口。他一夜伤口疼痛难眠，却受到启发，将火棉与硝化甘油制成具有弹性的爆胶（blasting gelatin）。一种典型的配方是 *8* %（质量分数）的火棉和 *92* %（质量分数）的硝化甘油。这种炸药既有硝化甘油那样大的爆炸力，又有黄色炸药那样的安全性。

火棉又称"硝化纤维素或硝化棉"，是德国化学家舍恩拜因在 *1846* 年将硝酸和硫酸作用于棉花首先制得。棉花中含有大量纤维素，火棉和硝化甘油一样易爆炸，不安全。直到 *1865* 年英国化学家艾贝尔（F. A. Abel）发现火棉的不安定性是由于其中含硝酸的数量不同所引起，提出了改进的办法，先将火棉在碱水中洗涤，然后干燥成型。这样制得的火棉安定性好，比较疏松，可用作炸药，但不能直接装弹。火棉胶是火棉在酒精和乙醚（一种易挥发、易燃和令人麻醉的无色液体）中的溶液。当溶液中的溶剂挥发后形成弹性膜，曾用于制造照相胶卷等。它的英文名称是 collodion，译成柯罗酊，来自希腊文 kolla（胶）。

到 *1887* 年，诺贝尔又在等量火棉和硝化甘油中加入 *10* %（质量分数）樟脑制成巴里斯特（ballistie）炸药。这一名称来自欧洲古代的弩炮（ballista）。这种炸药爆炸力适中，燃烧无烟，稳定安全，又称"硝化甘油无烟火药"。

诺贝尔还将硝酸铵加入代拿买炸药中，制成铵代拿买（ammondy-namite）炸药；还将硝酸铵加入爆胶中，制成铵胶代拿买（ammongelatin-dynamite）炸药。

诺贝尔的炸药工厂遍布英、德、法、意、俄、美等十几个国家，赢得一笔巨大财富。他还从事人造丝、橡胶、皮革、熔化矾土、制造宝石、改良电池和电话等的研究，很难计算他究竟获得过多少专利，在清理他个人资产中至少有 *355* 项专利在不同国家中获得批准。他还在俄国巴库（Baky）油田大量投资，占有大额股份，增加了他的财富。他为业务奔走，往来于德国、法国、意大利之间，没有私人秘书、律师，往往亲自回复来信。他被玩笑地称为欧洲最富有的流浪汉。他终生未曾结婚。

1888 年，诺贝尔居住在法国巴黎，一天读到报纸上刊出的他死亡的讣告，讣告里提到死者曾发明用于战争的炸药，导致很多人死亡。他意识到，这是把他的哥哥路德维·诺贝尔（Ludvig Nobel）的逝世和他本人搞混了。于是，他反省了自己发明硝化甘油炸药的动机是用于开发矿山，造福人类，却事与愿违，遂使他萌发了建立促进世界和平的奖励基金。

诺贝尔晚年患心脏病、心绞痛，*1896* 年 *12* 月 *10* 日在意大利圣雷莫（Sanremo）他的别墅里因脑溢血逝世，享年 *63* 岁。在这之前，他于 *1895* 年 *11* 月 *27* 日夜里在巴黎写下遗嘱，将他价值 *3 300* 万瑞典法郎（约合 *920* 万美元）的全部财产作为基金，以每年的利息作奖金（约 *20* 万美元），分为 *5* 等份，分给每年在物理学、化学、生理学和医学、文学、和平 *5* 个领域内做出卓越贡献的人。诺贝尔逝世 *5* 年后，*1901* 年 *12* 月 *10* 日——诺贝尔逝世周年纪念日在瑞典首都斯德哥尔摩和挪威首都奥斯陆举行了第一次诺贝尔奖的颁奖仪式。诺贝尔生前，瑞典和挪威曾是一个联合王国。

瑞典科学院负责颁发物理学和化学奖；斯德哥尔摩皇家卡罗林医学研究所（Royal Caroline Institute）负责颁发生理学和医学奖；瑞典学士院负责颁发文学奖；挪威议会选出五人委员会负责颁发和平

奖；诺贝尔财团负责财产管理和支付奖金，并规定每个奖项不得由 4 人以上分享奖金。

从 1968 年开始，又新设经济学奖。此奖是为纪念瑞典银行 300 周年而设的，每年由瑞典银行支付一定奖金，提供给诺贝尔财团，由瑞典科学院负责颁发，通常称诺贝尔经济学奖。

诺贝尔奖包括一枚金质奖章、奖状和一笔巨额奖金。奖章正面是诺贝尔半身雕塑像，用罗马字标出他的生死年月日；反面因奖的种类不同而异，物理学和化学奖奖章的反面刻有埃及神话中掌管生育、魔法、婚姻等的女神伊西斯（Isis）像，圣母手持财富和科学智慧的号角，轻启女神的面纱。

奖金金额每年不等，总的趋势是逐年增加，近年来已达到或超过 100 万美元。

物理学和化学奖以及生理学和医学奖在每年 10 月由负责机构确定受奖人；12 月 8 日举行受奖演讲，每位获奖者报告自己的成果和业绩；12 月 9 日开欢迎会，由诺贝尔财团主持，在斯德哥尔摩一座交易所大厦举行；12 月 10 日举行颁奖仪式，由瑞典国王颁发金质奖章和奖状，在斯德哥尔摩音乐厅举行；12 月 11 日颁发奖金并举行晚宴。和平奖颁发仪式在挪威奥斯陆举行。

诺贝尔奖从 1901 年开始，1916—1917 年因第一次世界大战以及 1940—1942 年因第二次世界大战中断未授奖，迄今已有 120 多年，有 900 人获奖。

诺贝尔奖在推动世界文明进步方面有很大贡献，但在和平奖、文学奖方面有时受到政治因素的影响。物理学、化学、生理学和医学奖方面虽经严肃慎重审定，但也有个别失误。例如，1917 年英国人巴克拉（C. Barkla）因发现 J 射线获得物理学奖，但这种射线并不存在；又如 1926 年丹麦人菲比格（J. Fibiger）因研究一种癌症获生理学和医学奖，而这种癌症完全是假定的。

4．塑料的发明与应用

随着 *19* 世纪的结束，化学家研究了原子，掌握了原子在分子内部的排列情况，并且懂得了如何制造新的分子，以合成并不天然存在于自然界的新物质，如各种染料、药物，以及合金和塑料。

早在 *19* 世纪中叶，硝酸纤维制品就已经出现。*1865* 年，英国发明家帕豪斯生产了一种由硝酸纤维、酒精、樟脑、蓖麻油等材料混合而成的，并在一定温度和压力下能熔化的物质，称为假象牙。美国人海厄特又使用硝酸纤维和樟脑制出改良的产品，于 *1872* 年命名为赛璐珞，用来制作照相底片、梳子等，很受人们欢迎。由于赛璐珞具有易燃的特点，因此科学家仍然在做着寻找其他新型材料的努力。

最早的合成塑料——酚醛塑料是具有比利时血统的美国化学家贝克兰发明的。他于 *1909* 年宣布，用苯酚和甲醛经缩聚反应合成酚醛树脂，再添加木粉等填料即可制得这一新型材料。酚醛塑料于 *1910* 年开始生产。酚醛树脂可塑性强，加入木粉能显著提高机械强度，加入云母粉能提高电绝缘性能，加入石棉粉能增加耐热性。由于具备上述优良性能，酚醛塑料常被用于制作各种电器制品，故又称为"电木"。其制品色深不透明，坚硬不怕水烫，在火焰中不易燃烧，所以又是制造许多日用品的绝好材料。酚醛树脂还可用来充当胶粘剂和层压剂。第一次世界大战以后，因苯酚不再被用作制造炸药的原料，所以酚醛塑料制品开始大量问世。但是由于苯酚主要来源于煤焦油，产量上仍受很大限制。塑料的发明，使现代生活中的物质材料随之不可避免地发生了改变。贝克兰的这项发明，也使他率先让人类开始进入塑料——化合物时代。

受到贝克兰发明的鼓舞，世界各地的科学家加倍努力，以发明更多的"奇异的有意义的物质"。1912年科学家又发现氯乙烯能聚合，但聚合的材料无法加工。直到1928年人们才采用氯乙烯与醋酸乙烯共聚，得到具有一定塑性的聚氯乙烯塑料，并从1935年起在美国、德国等国家陆续投入工业生产。1932年科学家又发现加入磷酸酯、甲酸酯或氯化石蜡、樟脑等增塑剂可进一步改善聚氯乙烯塑料的可塑性。1937年英国卜内门公司就是应用磷酸酯增塑剂生产聚氯乙烯塑料的著名代表。聚氯乙烯塑料具有高度的耐腐蚀性、绝缘性和一定的机械强度，在工业生产中可用作耐腐蚀的设备制造材料，如阀门、管件等。在日常生活中也可用于制作鞋底、皮包、雨衣和包装材料等。

到了20世纪50年代，聚合工艺有所改进，成本也降低了，使得聚氯乙烯塑料制品的生产更加大众化。聚氯乙烯材料受热软化，冷却变硬，可多次重复利用，是最常见的热塑性塑料之一。它的产量长期在塑料品种中高居首位，直到1966年后才退到第二位。

德国和美国分别在1930年、1934年发现了聚苯乙烯。这是一种类似玻璃、质地极脆的热塑性塑料。苯乙烯曾是生产丁苯橡胶的原料，"二战"后，由于苯乙烯转为民用，才使得聚苯乙烯的研究有了很大发展。聚苯乙烯具有良好的绝缘性能，可用来制造电视、雷达等所需的高频绝缘部件。它成型方便，着色鲜艳，也适于制作漂亮的日用品。

1938年科学家发现四氟乙烯也能聚合，而得到有机氟塑料。它特别耐化学腐蚀，除熔融的碱金属外，不同任何其他化学药品发生反应，即使在水中煮沸也不会发生变化。它在200℃时还能继续保持稳定，直到温度很高时才会软化，因此被认为是一种高级材料，号称"塑料王"。

现如今，投入工业生产的塑料有几百个品种，常用的也有60多种，其中有一些塑料经过特别的加工还会具有特殊的功用，如泡沫塑料就是在制品成型时，用机械或化学的方法使其内部产生微孔得到的。另外，将塑料薄膜滚压在棉布上，就可以得到人造革；有些合成树脂还可制作万能胶，并能代替油漆使用。20世纪70年代由于新兴科学技术的需求，研制具有特殊性能的塑料已成为重要的发展方向。各国都在充分地利用国内自然资源，大力发展塑料生产。1970年全世界的塑料生产总量为3 000万吨，到1976年就增加至4 572万吨。在美国，有27%的塑料被用作建筑和结构材料，25%用作包装材料，医用塑料也占4.1%，其余则用于交通运输、电子电器、家具、仪器零件制造等。

总之，塑料作为一种很有前途的新型材料，未来将发挥更大的作用。

5．电解法制铝的发明

史前时代，人类已经会使用含铝化合物的黏土（$Al_2O_3 \cdot 2SiO_2 \cdot 2H_2O$）制作陶器。铝在地壳中的分布量在所有化学元素中仅次于氧和硅，占第3位，在全部金属元素中占第1位。但是由于铝化合物的氧化性弱，铝不易从其他化合物中被还原出来，因而迟迟不能分离出金属铝。

最早认识铝是从17世纪开始，德国化学家施塔尔首先察觉到明矾 [$K_2SO_4 \cdot Al_2(SO_4)_3 \cdot 24H_2O$] 里含有一种与普通金属迥然不同的物质。他的学生马格拉夫（A. S. Marggraf）在1754年从明矾中分离出矾土，即氧化铝，确定它和氧化钙不同。

在意大利物理学家伏打创造电池后，1808—1810年间英国化学家戴维和瑞典化学家贝齐里乌斯都曾试图利用电流从矾土中分离出金属铝，但没有成功。而贝齐里乌斯却给这个未能取得的金属先起了一个名字叫 alumien，这是从拉丁文 alumien 得来的。在中世纪的欧洲，这个词是对具有收敛性的矾的总称。铝今天的拉丁名称 aluminium 正是从贝齐里乌斯的命名转变而来的。我们从它的第二音节音译为铝。

到 J825 年，丹麦化学家厄斯泰兹（H. C. Oersted）利用钾的化学活动性比铝强，试图将铝从它的氯化物中置换出来。他将氯气通过烧红的木炭和氧化铝的混合物，获得无水氯化铝（$AlCl_3$），然后将氯化铝与钾汞齐（合金）混合加热，得到氯化钾（KCl）和铝汞齐。再将铝汞齐在隔绝空气的情况下蒸馏，除去汞，得到具有金属光泽的、与锡相似的金属。尽管产物中含有杂质，但是金属铝毕竟诞生了。

1827 年，德国化学家维勒（F. Woher）重复了厄斯泰兹的实验，制得无水氯化铝后将氯化铝和金属钾混合放在铂制的坩埚中，严密封盖后加热，发生激烈反应，获得灰色粉末状的铝。

1854 年，法国化学家德维尔（H. S. C. Deville）利用钠代替钾还原氯化铝，制得金属铝并铸成铝锭。

在这以后的一段时期里，铝是珠宝店里的名贵商品，是帝王贵族们享用的珍宝。法国皇帝拿破仑三世在宴会上用过铝制的叉子；泰国国王用过铝制的表链。1855 年在巴黎举行的世界商品展览会上，有一小块铝放在最珍贵的珠宝旁边，它的标签上注明：来自黏土的白银。直到 1884 年，美国第一任总统华盛顿（G. Washinton，1732 年—1799 年）的纪念碑建立完成，碑的顶端竖立一个 6 磅重的装饰用的角锥体，就是用铝制成的。1889 年，俄罗斯化学家门捷列夫还曾得到伦敦化学会赠送的铝和金制成的花瓶和杯子。

1886 年，两位青年化学家，美国的霍尔（C. M. Hall）和法国的埃鲁（P. L. T. Héroult）分别独立发明电解熔融的冰晶石（Na_3AlF_6）和铝矾土（Al_2O_3）的混合物而制得铝，使铝得以大规模生产，奠定了今天世界各国电解铝的工业方法。

冰晶石学名氟铝酸钠，存在自然界中，但通常用氢氧化铝 [Al (OH)₃]、碳酸钠（Na₂CO₃）和氢氟酸（HF）制取。它在电解氧化铝中起作用。由于氧化铝很稳定，直接熔融电解需要 2050 ℃以上的高温，但在氧化铝中加入冰晶石后，只要在 950 ℃左右就能熔化电解。

霍尔进行的实验是在。1884—1886 年间。当时他是美国俄亥俄州（O-hio）奥柏林城（Oberlin）奥伯林学院化学系的学生。

霍尔的成功得到他的老师、化学和矿物学教授朱伊特（F. F. Jewett）和他的姐姐朱莉亚·霍尔（Julia Hall）的鼓励和帮助。朱伊特曾赴德国跟从维勒学习化学，维勒在讲课时提到制取铝的试验，鼓励学生寻找一种廉价的还原铝的方法，并指导霍尔进行化学试验。朱莉亚·霍尔先她的弟弟毕业于奥柏林学院化学系，协助霍尔在他们的家中建立起简陋的实验室，帮助霍尔进行化学实验，还保存了霍尔的实验笔记。显然，霍尔坚持不懈地进行试验和不屈不挠的精神是他取得成功的关键。

霍尔最初也曾重复试验了前人制取铝的方法，失败后才考虑到利用电使铝从它的化合物中被还原出来。他没有选用氧化铝，他知道它很难熔融。

在电解实验中，首先需要电池。19 世纪 80 年代，在美国奥柏林这样的小城市中霍尔也不得不自己动手组装电池。他首先电解氟化铝（AlF₃）的水溶液，得到的是氢气和氢氧化铝，没有任何铝的踪迹。他选择氟化铝，不用前人所用的氯化铝，是一种创新。制取氟化铝要比制取氯化铝困难，要用氢氟酸，这是一种剧毒并具有强烈腐蚀性的酸，能腐蚀玻璃，不能像盐酸、硫酸那样盛在玻璃瓶里，而要盛在用铅制成的容器里。他制取氟化铝获得成功，闯过了实验中的一道难关，也给了他继续进行实验的勇气。

霍尔在电解氟化铝的水溶液失败后，遂考虑电解熔融的氟化铝。

他考虑到这样必须具备高温，普通的煤炭炉不能满足这种要求，于是不得不组装一个燃烧汽油的炉子。但是即使如此，他也未能维持氟化铝在熔融状态，原来氟化铝的凝固点在 1291 ℃。

要解决维持电解物质熔融状态的难题，这就迫使他找到冰晶石助熔，于是又动手制取它。1886 年 2 月 9 日，他进行了电解氧化铝和冰晶石的混合熔融体的第一次实验，第二天又进行了一次实验，没有见到效果。6 天后，2 月 16 日他再次实验，他的姐姐也在场。他用石墨棒作为电极，浸入盛有熔融氧化铝和冰晶石混合物的黏土坩埚中，接通电流后，在阴极出现灰色的沉积物，而不是闪光的金属铝。霍尔认为这种灰色沉积物是来自黏土硅酸盐中的硅。于是霍尔改用了石墨坩埚，在 1886 年 2 月 23 日再次实验。当电流接通数小时后，在阴极出现银色的小珠球，用盐酸检验后确认是铝。他立即将产品送给他的老师朱伊特，证实是铝，霍尔获得了成功。

霍尔在取得成功后立即给他的哥哥——一位官员乔治·霍尔（George Hall）寄去一封信，报告他的发现。2 月 24 日又寄去第二封信，详细叙述了他所发现的有关的技术资料。这些信件后来成为他优先发现电解铝在法律上获得承认的证明。

霍尔设法把他的发现投入工业生产中，一开始又遇到困难。直到 1888 年夏天，得到匹兹堡（Pittsburgh）还原公司创建人、工程师亨特（A. Hunt）的一笔资金，又得到工程师戴维斯（A. V. Davis）在生产技术上的帮助，更得到一座蒸汽机驱动的发电机，终于在 1888 年 11 月最后一个星期四开始了小规模的工业生产。1889 年 4 月 2 日匹兹堡还原公司更名为美国制铝公司。到 1907 年，美国制铝公司已拥有几座生产氧化铝的矿场和三座铝厂。铝产品不断增加，铝的价格也随之不断下降。

霍尔在 1885 年大学毕业。1890 年成为美国矿业、冶金和石油工程学会会员。*1911* 年美国化学会和化学工程学会等团体联合授予他奖章，表彰他在应用化学方面做出有价值的贡献。不幸他在 *1914* 年 *12* 月 *27* 日因白血病逝世，享年 *51* 岁。他终身未婚，留下 *500* 万美元捐赠给他的母校奥柏林学院，他用这笔捐款在校园内建立了一座礼堂，以纪念他的母亲。现在，用铝铸成的年青的霍尔全身塑像仍竖立在奥柏林学院的校园内，留给后人瞻仰。

在霍尔获得成功的同时，埃鲁也获得同样的成功。当时埃鲁是法国巴黎矿业学院的学生，也从事制铝的研究，同样得到他的老师、法国化学家勒沙特列（H. L. Le Chatelier）的鼓励和指导。埃鲁在 *1886* 年 *4* 月 *23* 日取得法国批准的关于制铝的专利，于是引起霍尔与埃鲁关于铝的发明专利的冲突。美国法院在 *1893* 年判决霍尔优先，因为他是在 *1886* 年 *2* 月 *23* 日发现的，比埃鲁早两个月。埃鲁旅行到美国时，适逢霍尔接受美国化学会等团体授予的奖章，应邀参加了典礼，两人相遇，互相祝贺。这是一次很值得的祝贺，正是他们两人，把这个来自黏土的"白银"从帝王贵族的手中传到世界各地千万人的手中。

在第一次世界大战期间，出现铝和铜、锰、镁的合金，应用在各种工业生产中，到 *1930* 年，飞机制造中应用了铝合金。至今各种铝壶、铝锅等铝制品已广泛地进入千家万户。据国外的统计资料表明，*1995* 年美国人均消费铝达 *19.2* 千克，中国人均消费 *1.5* 千克，印度人均消费 *0.6* 千克。

6．臭氧的发现

地球上的人类和生物亿万年来能够正常地生长发育，世代繁衍，仰仗了一种特殊物质的保护。这种物质分布在地面上空 *15* 公里到 *50*

公里的大气平流层中，并形成一个环绕地球的天然屏障。尽管这种屏障只是薄薄的一层，但却能有效地"阻挡"住太阳光线中对人体和生物造成伤害的那部分紫外线的照射。如果这种物质消失了，我们赖以生存的地球就会成为一个不设防的城市，能杀伤生物的紫外线便无遮无拦地长驱直入，结果只能是地球上的生灵灭绝。

据科学分析，这种构成地球屏障的物质每减少 10%，得皮肤癌的人就会增加 5%；每减少 5%，患白内障而失明的人就会增加 50%。

上述这种重要的物质就是臭氧，由臭氧形成的地球屏障就是臭氧层。臭氧是怎样形成的？臭氧层又是怎样形成的？

空气中的氧气在吸收到一定能量的情况下就会转变成臭氧。放电、受热、在紫外线照射下以及有机物在氧化时都能使空气中的氧气转变成臭氧。

在地面附近，臭氧主要是在天空闪电以及某些有机物氧化时形成的。当人们走进茂密的森林中或漫步在广阔的海滩上时，会呼吸到既感觉新鲜又带鱼腥味的特殊臭味的气体，这就表明有臭氧生成了。臭氧的名称就因它具有特殊臭味而得名。针叶树的森林中树脂在氧化，海滩边海浪冲来留下的海草在腐烂被氧化，因而空气中的氧气部分形成臭氧。空气中含有少量臭氧，对于人的身体，特别是对呼吸道疾病具有有益的作用。但是浓的臭氧不但很臭，而且对人有害。人们长时间生活在臭氧的体积分数达百万分之一的空气中，就会引起疲劳和头痛。臭氧浓度再高些，会使人恶心、鼻子出血和眼睛发炎等。

在实验室里，把新切开的白磷块放在玻璃瓶的瓶底，上面用水覆盖，再塞上塞子，在室温下放置，不久白磷慢慢氧化，瓶内空气中的部分氧气就转变成臭氧了。

在实验室里还可以利用一种臭氧发生器，使空气中的氧气转变成臭氧。这种臭氧发生器由两个玻璃管组成，一个玻璃管套在另一个玻璃管中间，外管的外壁和内管的内壁都包着锡箔，各接一电极。使用时利用高电压进行无声放电，氧气在两玻璃管之间缓慢通过，从出气管出来的气体中臭气的体积分数大约可达 5%。

工业上制取臭氧也是利用臭氧发生器，但它在结构上比实验室里用的仪器复杂，也更有效。在工业生产中，臭氧被用来作杀菌剂和漂白剂。在仓库、矿井、船舱中通入少量臭氧，可以消毒空气。用臭氧代替氯气进行饮水消毒，杀菌效力较大，速度较快。臭氧是油脂、蜡、纺织品等的漂白剂。

高层空气中的臭氧层是高层空气中的氧气受紫外线照射而形成的。

紫外线又称"紫外光"，是太阳光中波长较短的、肉眼看不见的光。它的波长在 40 纳米 ～ 390 纳米（1 纳米 $=10^{-9}$ 米，符号是 nm）之间。高层空气中的氧气吸收了波长小于 185nm 紫外线后便形成臭氧。不过，当用波长 250nm 左右的紫外线照射臭氧时，臭氧又转变成氧气。因此，在高层空气中存在氧气和臭氧互相转化的状态并形成臭氧层，同时消耗了太阳辐射到地球上的能量的 5%，使地球上的生物免遭伤害。

可是，近年来科学家探测到这个臭氧层遭到不同程度的破坏，有些地方变薄了，1985 年在南极上空发现臭氧层出现了空洞，引起人们一片恐慌。

有人说，这是超音速飞机放出的废气造成的，这些废气可能同高层大气中的臭氧发生化学反应，使臭氧减少了。也有人认为，某些烟雾喷射器使用的燃料中所含的氯氟烃，在高空经化学反应所生成的氯原子与臭氧发生反应，从而造成臭氧层的空洞。

氯氟烃是氯和氟取代烃（碳氢化合物）中的氢形成的有机化合物。家庭冰箱和冷冻柜中使用的致冷剂——氟利昂（freon）就是一类氯氟烃。最常用的是氟利昂－11（CCl_3F）和氟利昂－12（CCl_2F_2）。为了防止臭氧层被破坏，到 20 世纪 90 年代初，已研制出新的致冷剂代替氟利昂，于是它们被逐渐停止使用了。但是，随即又发现消灭地里和谷仓里昆虫的农药溴甲烷（CH_3Br）气体对臭氧层的破坏力比氯氟烃更大。国际生态环境保护委员会于 1997 年 9 月在加拿大召开会议，与会各国已同意到 2005 年工业化国家不再使用溴甲烷。

臭氧很早就被人发现了。当时人们用兽皮毛摩擦琥珀时嗅到特殊臭味的气体，这就是臭氧。琥珀是树脂在地层下受压后形成的一种黄色至红褐色半透明的天然塑料，表面光滑，古代人们从地下挖掘到它后，用它制成玩赏的小饰件，如烟嘴等。琥珀受到皮毛摩擦后产生静电放电，会使周边空气中的氧气转变成臭氧。

现今，臭氧也是在放电中被发现和制成的。在近代化学实验中最早制得臭氧的是荷兰化学家马鲁姆（M. VanMarum）。1785 年他在密闭的玻璃管中汞面上的氧气通电后，发觉有一股非常强烈的臭味，好像是"电气"的味道。他不知道这股臭味是什么。

到 1840 年，德国化学家舍恩拜因（C. F. Schonbein）在空气中进行放电实验时也嗅到这种"电气"的味道，认为它和氯以及溴属于同类气味。1844 年他又发现白磷在空气中发光氧化时也产生这种臭味，更发现它能将碘化钾（KI）中的碘释放出来，并能将二价亚铁盐氧化成三价铁盐。他认为氮气是这种气体和氢气的化合物。他继续研究这种气体，在 1854 年发表的论说中指出，氧气除普通的氧气外，还有一种 ozonized 氧气。ozonized 这一词可译成"臭味化了的"或"变臭了的"。它来自希腊文 ozo-（嗅、臭味），德文中的臭氧 ozon、法文中的 ozone、英文中的 ozone 都从它而来。我们称它为臭氧是很适合的。

同一个时期里，还有一些人发现过它。1845 年瑞士化学家马里纳（J. C. G. de. Marignac，1817 年～ 1891 年）和德拉里夫（A. A. delarive，1801 年—1873 年），各自加热氯酸钾（$KClO_3$）获得氧气后，经干燥，在其中放电而获得臭氧。认为它是一种特别化学活动的氧气。

直到 *1898* 年，德国化学家拉登堡（A. Ladenburg）在测定了它的式量后，确定它的化学式是 O_3，是氧气的一种同素异形体。

臭氧是一种天蓝色气体，冷却时可凝结成暗蓝色液体，并可凝固成紫黑色晶体。臭氧很不稳定，在常温下就会慢慢变成氧气，受热时变得更快。当臭氧转变成氧气时放出热量：

$$2O_3 \rightleftharpoons 3O_2 + 热量$$

正如发现臭氧的化学家所研究的那样，它具有活泼的化学性质，能氧化许多氧气所不能氧化的物质。金属银在臭氧中表面被氧化成一层"银锈"，硫化铅（PbS）被氧化成硫酸铅（$PbSO_4$），硫酸亚铁（$FeSO_4$）被氧化成硫酸铁 [$Fe_2(SO_4)_3$]。许多有机物，如松节油、酒精等，遇到臭氧会着火燃烧。

正因为臭氧能把碘化钾中的碘释放出来，而碘遇到淀粉水溶液就变成蓝色。因此，将气体通入含有少量淀粉浆的碘化钾溶液中，可以检验是否有臭氧存在。

空气中存在的臭氧会促使橡胶轮胎老化，还会与氮的氧化物等化合生成带刺激性的有毒气体，污染环境。因此，它对人类来说既有益，也有害。

7. 助熔剂的发明

《南方周末》报在 *1997* 年 *11* 月 *28* 日刊登了名为《"地下黄金基地"揭秘》的文章。

文中说："……几百度的温度可以熔真金？在这里可是千真万确

的事：尽管黄金熔点在摄氏二三千度以上（应为 1064 ℃——引者），但当地人配制了一种药水加入坩埚，几百度足以熔化真金。"这段话给我们提出了一串问题：高熔点的物质在低于熔点的温度时能熔化吗？如果能，那是为什么，又是用的什么办法？通过下面铝从"贵族"到"平民"的故事，可以回答这些问题。

19 世纪的一天，法国皇帝拿破仑三世在宫廷中举行盛宴。客人面前都摆上了精致的银餐具，它们在明亮的烛光下闪闪发光。可是，客人们奇怪地注意到，唯独皇帝面前的餐具却少有光泽。客人对此议论纷纷，窃窃私语。拿破仑三世见到这种情况，意识到这是自己的餐具与众不同，便告诉大家，这套餐具是用一种新的金属——铝制成的，由于它的价值超过金银，所以不能让客人都用上它。"啊！铝！"人们顿时兴奋起来。宴会的高潮到来了：客人举起自己的银杯，幸运地与皇帝的铝杯相碰，共饮佳酿。

是的，当时由于不能大量生产铝，所以价格为 2000 法郎／公斤，超过了黄金。拿破仑三世还曾专门下旨将军队战旗上的金星改为铝星，以炫耀他的富有。俄国沙皇为了表彰门捷列夫发现元素周期律的功绩，授予他的最高科学奖奖杯不是金杯而是铝杯。门捷列夫发现元素周期律是 1869 年，而得到承认则是在几年以后，可见直到 19 世纪 70 年代，铝在俄国仍然是"贵族"。

那么，为什么当时人们"厚铝薄银"将铝视为"贵族"呢？这还得从铝的提炼说起。铝是地壳中含量很多的金属，占地壳总质量的 7.45 %，比铁还多出 60 %。但是，由于铝的性质活泼，与氧结合成氧化铝即三氧化二铝，不容易把它从中分离出来，所以直到 19 世纪以前，人们还没能发现铝。

最先发现和提出纯铝的人是丹麦物理学家奥斯特。他将氯气通过烧红的木炭和三氧化二铝的混合物，得到氯化铝。然后与钾汞齐作用得铝汞齐，再将铝还原出来并隔绝空气蒸馏，除去汞，就得到纯铝。他的实验结果发表在一本丹麦杂志上，但因这个杂志名气不大，加上没有署上他的大名——他于 *1820* 年因发现电流的磁效应而闻名于世，所以这一实验成果被忽略，以致许多科技文献上都说铝的发现者是维勒。

　　1827 年，德国化学家维勒曾就提炼铝的问题去哥本哈根拜访过奥斯特。奥斯特将提炼铝的方法告诉了维勒，还说自己并不打算进一步进行试验。不过，维勒对此却兴趣盎然，一回到德国就全力以赴进行试验，终于在年底就制出了纯铝。不过，他的方法不同于奥斯特，他是用钾还原无水氯化铝制得纯铝的,他还弄清了铝的主要物理性质。因此，*1827* 年被认为是铝的发现年代。后来在 *1845* 年，他终于制得了一块铝，而此前他制得的铝一直是一些粉末。

　　作为一国之尊的皇帝，竟不能让客人都用上铝制餐具，这使拿破仑三世深感遗憾。为此，他找来本国化学家德维尔（A. E. Deville），对他说："先生，您是否能找到一种大量、廉价的制铝方法，使我的客人都用上铝制餐具，甚至使我的卫兵也戴上铝头盔呢？"他拨给德维尔大量的研制经费。*1854* 年，德维尔不负圣望，终于用钠代替维勒的钾也制得了钝铝。这使铝的价格略有下降。铝的小批量生产开始了。*1855* 年,在巴黎举行了一次世界博览会,在展厅里最珍贵的珠宝旁，就放着一块铝，它的标签上写着："来自黏土的白银"，它就是德维尔炼出的铝。

　　德维尔的炼铝为法国皇帝带来了极大的荣誉。拿破仑曾骄傲地说："铝是法国人发现的！"但德维尔却心中有数，他亲手用铝铸了一枚纪念章，上面刻着维勒的名字、头像和"*1827*"这个年代，作为礼物郑重地送给他的德国同行和发现铝的先驱维勒。两人从此成了好朋友。德维尔不掠人之美、实事求是的精神和两位不同国度化学家的真挚友谊一时传为佳话。

不过，此时铝的价格并未在全世界降下来。生产铝的原料氧化铝随处可见，价格低廉，但由于生产方法、技术落后，以致铝还是"贵族"，这使当时的化学家脸上无光。如何将这"贵族"变成"平民"，便成为当时化学家的重大科研课题。

在这一课题上取得重大突破的是两位不同国度的大学生。

美国化学家查尔斯·马丁·霍尔从小就是一个科学迷。他在幼年还认不全书上的字母时，就曾把父亲的化学教科书翻开来放在地板上像煞有介事地仔细"阅读"。青年霍尔就读于奥柏林学院时是个全面发展的学生，对化学更情有独钟。因此，他的化学教授特地为他在实验室里安排一个位置，以便更好地指导他学习化学。这时，炼铝的方法已发展到电解氯化铝的时代，但这种方法仍不能从根本上大量制铝而大幅降低成本。因此，他毕业后，就在家中布置了一个简陋的实验室，继续研究制铝的新方法。最终于 1886 年发明了能大量制铝且生产成本很低的炼铝法——电解熔盐制铝法。

电解熔盐制铝法的主要原料是氧化铝，将其熔化，再经电解而在阴极上得到纯铝。所以成功的关键是降低氧化铝的高达 2072 ℃ 的熔点。因为要达到这么高的温度和在这么高的温度下进行电解，无论在设备上还是在技术上都有难以逾越的障碍。因此，霍尔设想加入另一种物质来降低这一温度。经过多次实验之后，终于找到了一种含铝的复盐——冰晶石作为电解时的助熔剂，使氧化铝在较低温度（仅约 1000 ℃）下就能溶解于熔化的冰晶石中进行电解。这就攻克了电解熔盐制铝法的最大难关，使其在设备、技术上都切实可行，生产成本也大大降低。此法的又一好处是，由于铝的熔点仅为 660 ℃，所以

在约 *1000* ℃的电解槽阴极得到的铝是液态的，这样就便于定时放出直接铸成铝锭。

1886 年 *2* 月 *23* 日，他来到他在奥柏林学院读大学时的化学老师的实验室，高兴地向老师展示用新方法得到的 *12* 颗晶亮的金属铝小球，以此感谢恩师。后来，他又进一步改进了自己的方法，并向美国铝业公司出卖了当年发明的这一方法的专利。该公司很快生产出价格较低的铝制品供人们使用。从此，铝从"贵族"变为"平民"，而该公司至今还存有霍尔最先制得的几块铝。

为了表彰霍尔对炼铝法的改进所做的贡献，奥柏林学院在院内建立了世界上第一个用铝铸造的塑像——霍尔像。

同年，另一位大学生，后来成为法国化学家的保尔·路易·托圣特·赫洛特也几乎同时独立发明了与霍尔相同的炼铝法，且于同年取得专利。

霍尔和赫洛特所发明的方法叫"助熔剂"法。助熔剂的发明，不但解决了铝的生产成本高的问题，更重要的是使铝成为一种重要的原料；而且这一方法还为人们指明了一条新路并得到广泛应用：借助于某一"秘方"——助熔剂就可让高熔点的物质在较低温度下熔化，正如本故事开头所说的"当地人"加"药水"那样。

不过，铝的价格并没有在 *1886* 年立即在全世界降下来。例如，此时泰国的国王还用着铝制的表链，*1889* 年英国皇家学会对门捷列夫发现元素周期律表彰时，发的珍贵纪念品还是用了铝和金制成的一台天平。

1887 年，赫洛特和同胞基里亚尼设计了第一台大型电解装置，为大量生产铝提供了方便。真正大量生产、应用铝始于 *19* 世纪末叶。*1890* 年～ *1900* 年间，各国相继开始将铝用于电气工业和造船工业。从此，铝彻底成为"平民"。

1906 年，德国学过农业和化学专业，并干着冶金工作的化学家阿尔福雷德·维尔姆发现在铝中加入少量的铜可大幅度提高铝的硬度，加入镁、锰也有这种作用。"硬铝"——又叫"坚铝"，含铝 94 % 的铝和少量铜、镁、硅，便由他在 1911 年制成。因德国杜拉最早将"硬铝"投入工业生产，故又称"杜拉铝"。

"硬铝"的发明，不但克服了纯铝的硬度、强度低的缺点，使铝的"轻"（密度小）和"强"在"硬铝"施展出来，为其应用开拓了广阔的天地，如 1919 年就出现了第一架用"硬铝"制成的飞机，使铝成为航空业不可或缺之物；而且为制造铝的其他合金开了路，今天我们几乎被铝包围便是明证——铝成为现代工业、农业、生活、科研不可或缺之物。

不过，铝过量进入人体，有可能对人产生危害，如脑损伤、记忆力衰退等。虽然这些说法仍未得到普遍公认和长期实践检验，但世界卫生组织还是建议每人每天的铝摄入量应小于 1 毫克 / 千克体重。少吃油条、粉丝、凉粉、油饼、易拉罐装的软饮料等含铝多的食物和铝锅炒出的饭菜，是减少铝摄入量的有效方法。

助熔剂的发明，使廉价的原料氧化铝成为用途广泛的、价格低廉的金属铝，可见科学发明是多么巨大地改变着人类的生活啊！

广义的助熔剂是指能降低其他物质软化、熔化或液化温度的物质。因此，除上述这类在冶金中利于熔炼或精炼金属的助熔剂外，还有在化学分析中使不溶性物质变为可溶性物质这类助熔剂，和在焊接工艺中的焊剂这类助熔剂。

故事开头的问题可以回答了。"真金不怕火炼"的原因是，通常的柴火温度仅几百摄氏度，远低于金的熔点。所以它能"烈火烧身若等闲，金光闪耀在人间"。但若用了助熔剂，就能使它在几百摄氏度时熔化而"真金也怕火炼"了。

8. 卢瑟福步入原子内室

电子、X 射线、物质的放射性以及具有放射性的镭、钍等元素先后被发现后，物质放射性的研究紧接着开始，从而揭开了原子内部的结构。

1902 年，汤姆逊的学生，出生在新西兰的英国物理学家欧内斯特·卢瑟福（Ernest Rutherford）等人在研究物质的放射性时，进行了这样的实验：在镭射线周边设置强磁场，发现原来成一束的射线分为三束。经再次测定，带正电的一束是氦原子核 He^{2+} 流，用希腊字母 α（alfa）命名它；带负电的一束是电子流，用希腊字母 β（beitǎ）命名它；不带电荷的一束是一种波长比 X 射线更短的电磁波，用希腊字母 γ（gàmǎ）命名它。各束射线的运动速度不相同，又都有穿透一些物质的性能。

卢瑟福从 α 粒子的能量计算出放射性元素原子内部潜藏着大量的能量，这个数字可能是任何化学反应所产生的能量的 *100* 万倍。他认为没有理由假设这些潜藏的能量独为放射性元素所拥有，可能普遍存在各种元素的原子中。于是他考虑利用 α 粒子穿进原子内部去"刺探"原子内部的情况。

1909 年，卢瑟福安排他的助手盖格（H. Geiger）和一位尚未取得学士学位的年轻大学生马斯登（E. Marsden）进行 α 粒子冲击金箔的实验。

盖格和马斯登观察到，通过金箔的 α 粒子大部分未受影响，没有发生偏离，或者偏离不到 *1°* 这样很小的角度。但是有个别 α 粒子偏离大到 *90°*，甚至有的竟然被反弹回来。

这个发现使卢瑟福大为吃惊。如果他的老师汤姆逊提出的电子均匀散布在正电荷中的原子模型是正确的，那么按理金箔的原子里没有任何东西可以使高速而笨重的 α 粒子发生较大的偏折，更不用说被反弹回来。卢瑟福曾回忆道："它是如此令人难以置信，正好像你用 15 英寸的枪射击一张薄纸，而枪弹居然会被反弹回来把你打中一样。"

卢瑟福进行了推测和计算。α 粒子一定是碰到原子中带正电的东西才被弹回来的，而且这个带正电的东西一定是重而坚实的，否则就不会使一些 α 粒子偏离很大的角度。它一定又是很小的，比原子小得多，不容易被 α 粒子碰到，否则绝大多数的 α 粒子就会和这个东西碰撞，大部分 α 粒子偏离的角度就会很大。卢瑟福把这个带正电的、质量和整个原子差不多但比原子体积小得多的东西叫做原子核。

1912 年春天，卢瑟福提出了带核的原子模型，认为原子是由中心带正电的、体积很小的但几乎集中了原子全部质量的核和在核周围不断运动着的电子所构成，就像行星围绕太阳旋转构成的太阳系一样。

但是，根据 1900 年前物理学公认的理论，电子绕原子核运转会不断地以电磁波（光）的形式发射出能量。由于不断发射能量，电子将沿着一条螺旋线状轨道向原子接近，最后会落到原子核上，因此整个原子将毁灭。

1900 年，物理学中出现了一个新的理论，德国物理学家普朗克（M. Planck）提出量子论。按照这个论说，能量的吸收和辐射是不连续的，而是一小份一小份地进行的，这一小份的能量叫做一个量子。这就把光源发光比作机关枪发射子弹那样，是一个一个光的小子弹，这个小子弹就是光量子。

丹麦物理学家玻尔（N. Bohr）在 1913 年引用这个量子论修改了卢瑟福提出的原子模型，提出下列假说：

（1）在原子中，电子不能沿着任意的轨道绕原子核运转，而只能沿一定的轨道运转，这时它完全不发射能量，这些轨道叫做稳定轨道。

（2）当电子从离核较远的轨道跳到离核较近的轨道时，原子放出能量，以电磁波（光）的形式发射出来，能量的大小决定于电子在跳动前后所处的两个轨道的半径。

玻尔的原子模型为化学家解释分子结构和化合过程提供了依据，但是物理学家不满意，它不能解释原子所表现的一些物理现象。

1925 年，德国青年物理学家海森伯（W. Heisenberg）指出，不可能指定一个电子某一时刻在空间所占的位置或追寻它在轨道上的行踪，因而无权假设玻尔的行星式轨道的确是存在的。海森伯导出的数学方程式表明，不可能设计出一种实验方法，既能同时准确地测量粒子的位置，又能同样准确地测量粒子的动量。

同时，法国青年物理学家德布罗伊（L. De Broglie）提出电子具有波粒二象性，这是一个大胆的设想。在物理学中从 17 世纪后半叶开始就争论着：光是波还是粒子？到 20 世纪初，1905 年人们开始认识到光有波粒二象性，现在电子也被认为具有波粒二象性了。

1926 年，德国物理学家薛定谔（E. Schrodinger）应用一种波动方程的数学形式描述了电子绕原子核的运动。按照这个方程的解，得到的也不是电子的精确位置，只是在某一特定空间体积内找到电子的概率的三维图像。

概率是数学中的一个概念在人类社会和自然界中，某一类事件在相同的条件下可能发生，也可能不发生，这类事件称为随机（会）事件。不同的随机事件发生的可能性的大小是不同的，概率就是用来表示随机事件发生的可能性大小的一个量。例如，在一个口袋里装两个黑球、一个白球和一个红球，这 4 个球的大小、形状和重量完全一样，在从袋中取任一个球时，取得白球的概率为 *1/4*，取得红球的概率也是 *1/4*，而取得黑球的概率则为 *1/2*。

这个三维图像说明电子并不处在任何一个确定的轨道上运动，而是在原子核外一定范围内高速运动。在一定的时间里，一给定电子在有的地方出现的概率较大，在有些地方则较小。如果把一个电子在原子核外各个瞬间出现的位置用照相机拍摄下来，再把多次拍摄的照片重叠在一起来看，在原子核外就像笼罩着一团电子云。这就是现今的原子结构的电子云概念。

在电子云中，有一个概率达到最大的区域，就是电子密度最大的区域。用一条线把可能找到电子概率最大的区域包围起来，就具有一定的三维形状。不同的线代表不同的电子能级，也就是我们化学课本中所说的电子层。

在电子、原子核和β粒子发现后，居里夫人曾提出原子核是由电子和正电荷构成的假设，电子部分抵消了正电荷，说明了原子核带正电。但是带有正电荷的粒子是什么粒子，还需要寻找它。*1914* 年第一次世界大战爆发，马斯登去参军，卢瑟福去研究探测潜水艇的仪器。直到战后，*1919* 年卢瑟福和他的助手重回实验室。当他们用α粒子轰击氮原子时，发现氮原子变成了氧原子，同时有一种带正电荷的粒子分裂出来，电荷量与电子相等，但电性相反，质量为电子的 *1 836* 倍，和氢原子的质量相等，卢瑟福称它为质子。于是，原子核中带正电荷的粒子被找到了。同时一种元素的原子变成了另一种元素的原子，实现了炼金术士的幻想。

质子被发现后，科学家又发现原子核并非完全由质子组成，因为几乎所有元素原子核的质子质量大体上只有原子核质量的一半或更少一些。例如，氦原子核（α粒子）具有两倍质子的电荷，却是四倍质子的质量。看来原子核内还有不带电荷的粒子，这种粒子很像放在船底的压舱物，它的质量和质子相等。

20 世纪如年代初，德国和法国的科学家用 α 粒子冲击金属铍 Be，发现一种穿透力比 γ 射线还强的射线。1932 年初，在卢瑟福实验室里工作的英国物理学家查德威克（J. Chadwick）研究了这种射线，确定它不是 γ 射线，而是由不带电的质量为 1 的粒子组成，就把这种粒子叫中子。他测定了中子的质量，确定 1 个中子是由 1 个质子和 1 个电子紧密结合在一起而构成的。

中子被发现后，科学家纷纷提出原子核由质子和中子组成，很快就获得普遍承认。按照这个理论，各种元素原子的原子核由 Z 个质子和（A-Z）个中子组成。这里的 A 表示质子和中子数目的总和，称为质量数。原子核中的质子数就等于核电荷数，也就是后来确定的元素的原子序数。

根据实验测定的结果，说明原子核内中子和质子的数目之间有一定的比例。在较轻的原子核内，中子数和质子数大致相等。当原子序数增加时，稳定的核内中子数就比质子数逐渐增多。在较重的原子核内，中子数与质子数之比大约是 16：1。元素原子核中含有的质子数和中子数之和称为此元素的质量数。它表示着一种元素原子质量的大小，电子的质量很小，就略而不计了。

1913 年，卢瑟福还同英国化学家索迪发现，同一种元素的原子核中质子数相等，但中子数不等，它们的化学性质相同，但质量数不等，因此把它们称为同一元素的同位素，它们在元素周期表中占同一位置。现在已经明确，除少数元素外，大多数元素都有同位素。例如，氧元素有 3 种同位素：氧 -16、氧 -17、氧 -18，它们的原子核中都有 8 个质子，但是分别有 8 个、9 个、10 个中子，因此它们的质量不同，而化学性质是一样的。

由于原子是电中性的，因此任何元素原子内的电子数必定和质子数相等。

　　当原子核内中子数过多，在一定条件下，一个中子会转变成一个质子，同时放出一个电子。因此，电子并不存在原子核内，只是在中子转变成质子时才释放出来。这也就是放射性物质放射出电子——β粒子的原因。

　　放射性元素原子核中的一个中子转变成质子的同时放出电子后，多了一个质子，核电荷数就增加了，或者放出α粒子后，核电荷数就减少。核电荷数的多少是一种元素的特征，核电荷数增加或减少意味着一种元素转变成另一种元素了。这是天然元素的转变，也是卢瑟福和索迪发现的，称为元素的蜕变，就像蛇和蝉脱皮蜕化一样，通常又称为"元素的衰变"，就像人的衰老变化一样。一种放射性元素的原子由于核的衰变而减少到原来数目的一半所需的时间称为半衰期，用它作为原子核稳定性的量度标准。例如，铀-238经一系列衰变后最终变成铅-206，半衰期是45亿年，但有些放射性元素的半衰期只有几秒。

　　由于上述诸多化学家和物理学家的深入研究，从而揭开了原子内部结构的秘密。他们对科学的发展做出了突出的贡献。卢瑟福和索迪分别获得1908年和1921年诺贝尔化学奖，普朗克获得1918年诺贝尔物理学奖，玻尔获得1922年诺贝尔物理学奖，海森伯获得1932年诺贝尔物理学奖，薛定谔获得1932年诺贝尔物理学奖，查德威克获得1935年诺贝尔物理学奖。

9. 合成橡胶的发明和发展

　　天然橡胶的原产地在中南美洲。橡胶传入欧洲，是从1492年哥伦布发现新大陆开始的。那时橡胶的进口量还很少，人们几乎不知道它的用途。

1823 年，由于橡胶雨衣问世，橡胶的需求量才开始增加。而其缺点——低温易变硬、高温易发黏的弊病也被科学家和制造商所关注。后来，美国发明家古德伊尔把天然橡胶与硫黄的混合物加热，因而得到了与天然橡胶性质完全不同的东西——橡胶加硫黄，使橡胶变成易于成形、富于弹性的有用材料，为后来合成橡胶的发明打下了基础。

随着 *19* 世纪末交通运输事业的迅猛发展，人们对橡胶的需求量更是大大增加了，橡胶一下子变得身价百倍，成为国民经济建设的重要战略资源。但是由于天然橡胶只产于部分亚热带地区，产量有限，而大部分需求橡胶的工业化国家受环境的限制并不能大批种植橡胶。这种供求关系的矛盾以及对天然橡胶的分析研究更加坚定了科学家研制合成橡胶的决心。

德国首先于 *1912* 年采用与橡胶单体异戊二烯结构相近的二甲基丁二烯为单体合成了甲基橡胶。但是，甲基橡胶成本较高，耐压性能却较差。所以当德国和苏联在 *20* 世纪 *30* 年代初期研制成功丁钠橡胶后，立即开始了这一新型橡胶的大规模生产，并关闭了所有的甲基橡胶的生产工厂。新型的丁钠橡胶则是由酒精蒸汽通过催化剂变成了丁二烯单体再聚合而成。但是酒精的成本仍然比较高。不久科学家又研究出以乙炔代替酒精生产丁二烯的工艺技术。后来人们发现石油、天然气中的丁烷、丁烯都可制得丁二烯。由此，丁二烯便逐渐成为制造合成橡胶的主要单体，现在凡是带有"丁"字的合成橡胶中都含有它。

然而，丁钠橡胶的性能还是远不如天然橡胶。各国科学家为此大力开展了对丁钠橡胶的改良试验。由丁二烯与苯乙烯共聚得到的性能接近天然橡胶的丁苯橡胶的成功研制就是其中重要的成果，并于 *1937* 年在德国开始正式投入生产。

第二次世界大战中，美国因橡胶供应紧张，也在大力发展合成橡胶的研制工作。早在 *1931* 年，杜邦公司的化学家卡罗瑟斯就研制成功了以氯丁二烯为单体的氯丁橡胶。这种合成橡胶具有天然橡胶所不具备的优点，如耐腐蚀、耐老化、不易燃，特别不易溶于汽油等有机溶剂，在军事装备应用上具有极高的价值。*1943* 年科学家又研制出在耐热、耐老化、电绝缘性能上较天然橡胶更优的丁基橡胶。

第二次世界大战后，许多工业发达国家都在积极进行合成橡胶的研究和生产，世界产量上升得很快。同时由于生产工艺的不断改进，原料来源的继续扩大，新的合成品种迅速增加，像顺丁橡胶、异戊橡胶、乙丙橡胶都是公认的性能优异的新品种。

除上述几种通用的合成橡胶外，*20* 世纪 *60* 年代以来，一些具有特殊性能的合成橡胶也研制出来了，如产量较大的丁腈橡胶可在 $-40\ ℃$ 到 *135* ℃的范围内较长时间使用，耐腐蚀性能也很好；硅橡胶、氟橡胶既能在$-50\ ℃$以下保持不变性，又可耐热高达 *250* ℃以上，常被用于制造火箭、导弹、飞机的零部件。目前，这类特种橡胶的研制已达 *200* 多种，各自在新的技术领域中发挥着重要的作用。

第四章

学生科技发明启迪

1. 红外线的发现

黑暗的地方怎么会比明亮的地方"热"呢？这得从两个世纪前说起。

在 1800 年以前，人们都知道太阳的"白"光可以通过三棱镜被分解为红、橙、黄、绿、蓝、靛、紫七色光。这最早由大名鼎鼎的牛顿在 1666 年实验成功。100 多年过去，人们再也没有想过，太阳光除这七色光外还有或没有什么了。

可是，出生在德国的英国物理学、天文学家赫谢耳却突发奇想，在这七种可见光的"外"面，即看不见的区域，还有什么"东西"呢？于是他在 1800 年做了下面的实验。

他让阳光通过三棱镜后折射到后面的白色纸屏上，当然也和牛顿一样，得到了七色彩带，所不同的是，这次他还将 9 支完全相同的温度计在每种色区内放 1 支，最后两支则分别放在红光以"外"和紫光以"外"附近区域。在阳光折射的七彩光照射下，七个可见光区内的温度计温度都升高了，如红、绿、紫光区各升高 5 ℃、3 ℃和 2 ℃；但紫光外区域的温度却未升高。他同时还发现，红光外区域温度不但升高了，而且比红光区升得还高，升高达到 7 ℃。这使他大吃一惊——那里并没有光线照射啊！

那是不是离红光区更远的区域温度会升得更高呢？于是他又将温度计移到离红光区更远的区域，但这时温度却不再增加，反而降到室温。经过反复实验研究，他终于判定，红光外附近区域存在"红外线"或"红外辐射"。他还用实验证明，红外线不管来自地球、太阳或其他何处，都和可见光一样遵守着折射、反射定律。但比可见光更容易被空气吸收。由于它"不可见"，因此在刚发现时被称为"不可见辐射"。

红外线按波长不同还可分为近（波长 $0.75 \sim 3$ 微米）、中（波长 $3 \sim 30$ 微米）、远（波长 $30 \sim 1000$ 微米）三种。任何物体在任何温度下都要不停地向外辐射红外线。

一般来说，物体温度越高，辐射红外线的能力就越强，物体在单位表面积辐射红外线能量的总功率与它自身热力学温度的 4 次方成正比。利用这一规律可制成红外测温仪器。当一些气体分子的运动频率与红外线的频率相当时，这些气体——空气中的二氧化碳、水蒸汽，便会把红外线的能量吸收掉。因而，来自太阳的某些红外线便会被这些气体吸收；而未被气体吸收透过大气的红外线波段便称为"大气红外窗"或"红外大气窗"。在大气吸收红外线这一原理的启发下，人们得到了红外线应用的又一成果——红外气体分析。用这一技术可测出空气中的一氧化碳、二氧化碳、氧化亚氮、甲烷、乙烯等气体。这在工业、农业、环境监测、医学检验和其他科研中都有重要作用。红外线还有热效应强、易透过云雾烟尘的特点，所以加热、烘干、遥测、遥感、金属探伤、热像仪诊病、导弹、夜视、寻找地热和水源、监视森林火情、估计农作物长势和收成、气象预报、"红外显微镜"（用于测量温度）等都是它的应用实例。除太阳外，宇宙中许多天体都辐射出大量的红外线，科学家把"红外望远镜"发射到外层空间，避免了大气对红外线的吸收，更能准确地探测到这些天体发出的红外线。

赫谢耳发现红外线后，引起了人们进一步的思考：为什么紫光以外区域温度计的示值不升高呢？是不是这里没有不可见光呢？如果有，又是什么呢？又能用什么方法探测呢？

德国物理学家里特尔是其中别具慧眼的一个。他意识到，用物理方法不能探测紫光外区域的情况，那就用化学方法。1810 年，他将一张浸有氯化银溶液的纸片，放在前述七色彩带紫光区域以外附近的区域，经过一段时间后，发现纸片上的物质明显地变黑了。他研究后指出，这是由于纸片受到一种看不见的射线照射的结果，并把它称为"去氧射线"，即现在人所共知的"紫外线"。他还正确地确认了各种辐射对氯化银分解作用的大小实际上就是能量的大小，从而判断出紫外线的能量比紫光的能量要大。

一切高温物体都发出紫外线。它的主要作用是化学作用。紫外线照射能辨出细微的差别，如可清晰地分辨出留在纸上的指纹。它的荧光效应可用于照明的日光灯和杀虫的黑光灯。其杀菌作用可见于消毒和治病。不过，过多的紫外线有害于人体——照射强的日光，不穿戴防护用品进行电弧焊接操作，都应避免。

通过发现红外线的故事，和对比红外线、紫外线不同的发现方式，我们可得到以下知识或启示。

首先，"光"和"热"是两个不同的概念。"光"强不一定"热"大；正因为如此，我们在研究光源时，要的是"热"不大的冷"光"源。"热"大，不一定"光"强；我们使用的红外线取暖器就是如此。

其次，科学发明发现有不同的模式和方法。如果里特尔也按赫谢耳探测紫外线那样，用物理方法来探测紫外线的话，那他将那样一无所获——赫谢耳未能发现紫外线的遗憾就在这儿。对于懒人来说，常常希望别人告诉他一种"万能"的灵丹妙药，以便敲开科技发明发现或致富之门。我们只能遗憾地告诉他：通向这个门的道路有很多条，但要您自己去走，灵丹妙药要自己去寻！这正如一条西班牙谚语所说："'上帝'说，你要什么便取什么，只是要付出相当的代价。"

2．电影的发明

1895 年 3 月 22 日，在巴黎"本国工业提倡会"上，公开放映了世界上"第一部"电影《工人放工回去》（又译《卢米埃工厂下班时》），它是由法国发明家路易·卢米埃和奥古斯都·卢米埃兄弟拍摄的。同年 12 月 28 日，他们还在巴黎卡普辛大道 14 号租了一间地下室，摆上 100 把椅子，使用由他们自己设计、别人为他制造的"活动电影机"公映这部电影和《婴儿喝汤》《火车进站》等简短影片。这些影片采用了人们最熟悉的镜头：城市街道、海滨浴场、行进中的士兵、火车站、公园、工厂等。

《工人放工回去》片长 70 米，放映时间仅约 1 分钟，内容是工人们离开工厂大门时的种种情景。卢米埃洗印这部影片用的设备也很简单：用家里一个普通水桶自己冲洗，其他几部影片的情形也大致一样。

然而，这些时间短、内容简单的电影，却像磁石般的吸引着成千上万的观众。在观看时也洋相百出，令人捧腹。例如：一个女观众看到银幕上一辆马车被马拉着迎面跑来时，她害怕被轧着，便急忙离开座位躲避，直到"马车"消失，她才坐回原位；一列火车驶来时，观众不由自主地惊惶失措，赶紧逃之夭夭；有的观众看到银幕上下起瓢泼大雨，就赶紧撑起雨伞来，以免被"雨"淋坏。

今天看来，这些情景似乎太荒唐可笑了，因为我们已经司空见惯了。但在当时，人们第一次看到电影，这情景很容易被理解：人本能地保护自己，已来不及去思考"真假"的问题。不过，这种情景并非绝无仅有，戏剧动人之处，我们也曾为之落泪：中国解放初

169

期演黄世仁欺压杨白劳的剧时，一位解放军战士还拔枪怒向"黄世仁"呢！

最早的电影是无声的，因此人们把它称为"伟大的哑巴"，这一称号反映出人们对电影发明的赞许。最早的电影也是黑白的，因此人们将它戏称为"黑白世界"。

卢米埃兄弟"首创"用"活动放映机"放映电影，所以世界电影界都把1895年12月28日这一天，作为"电影时代"开始的日子。第一次放《工人放工回去》的1895年3月22日，也被作为电影诞生之日。

卢米埃兄弟的前述几部影片在1895年首映之后的短短两年中，观念已遍及五大洲，轰动了全世界。

不过，上述"第一""首创"的说法，在20世纪下半叶，经过美国和德国一些专家长期研究后提出了异议。他们认为电影诞生应推前至1890年，首创者不是卢米埃兄弟，而是一个被遗忘的天才——路易·艾梅·奥古斯坦·勒潘斯。

他们的研究表明，出生在法国的勒潘斯，毕生大部分时间在美国、英国工作和生活。他44岁那年即1886年，就在美国申请了一项发明专利——他研制的16镜立体摄、放电影机。1890年，他又对改进后的这项发明再次申请了美国专利，指定他的摄影机只可以有一个镜头。同年10月，他用这种单镜头摄影机拍成3部电影史上已知最早的影片——《阿道夫拉手风琴，惠特莱一家在奥特伍德庄园跳圆舞曲》《约克郡》和《北利兹》；不久后又拍了著名的《穿越利兹桥的车辆》（片断）。1890年他曾多次公开放映过这个片断，效果不俗。

1890年9月16日，勒潘斯从第戎登上火车前往巴黎，准备远赴纽约展示他的发明成果。但是，他在火车上却神秘地失踪了：巴黎的朋友没有接到他，其他人多方寻找也生不见人，死不见尸，甚至连他带上火车的包括电影摄影机、放映机等行李也不见踪影。后来人们推测，一代天才勒潘斯死于谋杀！谋杀动机极有可能是夺取他的电影发明专利。

英国作家克里斯托夫·罗伦斯根据以上材料，写成了《鲜为人知的故事——失踪的电影发明家》。其后约 1990 年，他又主持拍摄了名为《勒潘斯之谜——电影史短缺的篇章》的影片。显然，他的书和电影都是企图力证勒潘斯才是真正的电影发明人。

其实，电影和其他许多发明一样，也是经过许多人的努力才得以完成的，也是时代的产物。

18 世纪末，人们已经知道人眼的"视觉暂留"现象。利用这一现象，发明家制成了"惊盘"——用两个相同的黑色圆盘，一个画出人物的分解动作，另一个挖出对应的条形孔，然后把它们装在同一根轴上，当有画的盘转动时，从不动盘的条形孔中就可看到活动的人影了。1829 年，比利时物理学家普拉图，利用与"惊盘"类似的原理，搞出了一台"活动画筒"。1830 年，美国霍纳则把"惊盘"装进原来的幻灯机，从而制成了"活动幻灯机"。1845 年，F. V. 乌恰蒂也把"活动画筒"和幻灯机搭配在一起，获得了可放映的活动图像。1860 年，美国费城的工程师塞勒把摄影术用到"惊盘"上，让贴有 6 幅联结照片的小风车呈现出栩栩如生的动作。1872 年，美国摄影师麦布里奇为了解决加利福尼亚州斯坦福和科恩关于马奔跑时"四蹄腾空"还是"始终有一蹄着地"的争论，让马奔跑时绊断 24 根细线，从而控制 24 架照相机的快门，这给电影机的发明者以新的启示。

当然真正的电影只能出现在快速摄影、实用胶卷、电影摄像机、放映机诞生之后。

1889年美国乔治·伊斯曼对35毫米赛璐珞胶卷的发明，1887年—1891年德国摄影师安许茨对运动物体可连续、快速拍摄的"电动速视仪"的发明，1889年—1891年爱迪生和助手狄克逊对电影摄、放机的研制和对胶卷打孔后用齿轮牵引的发明，1895年德国斯克拉达诺夫斯基和兄弟埃米尔对电影放映机的改进，以及前述卢米埃兄弟的试验，都为电影的正式诞生铺了路。

由上可以看出，无声电影诞生在19世纪末。

"伟大的哑巴"直到1913年元月才开始"说话"：爱迪生在纽约一家大剧院用他的留声机为画面配音，但电影中罗马时期的英雄勃罗第斯和恺撒皇帝的口形常和声音不同步，曾使人捧腹大笑。真正有声的电影诞生于1927年：华纳兄弟制片公司推出了《爵士歌王》的有声故事片。从此，电影便成为一种完整的视听艺术进入大众的文化生活之中。

高质量的彩色影片在20世纪40年代由利奥浦德·高得斯基和利奥浦德·马尼斯做出后，才得以推广和应用。

立体电影在1935年已放映，但观众要戴特制眼镜，所以当时意义不大；直到1955年以后，伪立体摄影术才得以问世，现代电影将要告别胶卷和片盘而走向数字化。领导这一革命的是美国乔治·卢卡斯。他导演的《星球大战》第一集《幽灵的威胁》已于1999年5月开始在美国4家数字电影院上演。

3．轻机枪的发明与改良

1883年，被誉为"自动武器之父"的美国工程师希拉姆·马克沁发明了重机枪，并在第一次世界大战中显示了其势不可挡的强大威力。在著名的松姆河战役中，德军数百挺重机枪如毒蛇吐信、火舌喷溅，英法联军一排排倒下去，演出了历史上惊心动魄的一幕。马克沁重机枪从此威名远扬。

但马克沁重机枪，连同枪架重达244公斤，实在是太沉重了，机动性差，难以紧随步兵实施行进间火力支援。于是人们利用重机枪的自动原理，设计制造出较为轻型的机枪，可以由一个人携带和射击，从而改变了以往许多人扛一杆枪的历史。

世界上第一挺轻机枪是由丹麦人于1902年发明的，被称为麦德森机枪。于是，有些人自然而然地以为这挺机枪就是麦德森发明的，其实不然。麦德森机枪的全称是麦德森·雷克斯·D. R. R. S·斯考博。O.H.麦德森是当时丹麦的国防部长，由于他热心支持丹麦军队采用这种武器，加上他是政府的高级军事官员，所以这挺机枪的全称就把他的名字排在首位，以至以后丹麦国内外简称这挺机枪时就只称麦德森机枪；雷克斯是指英国雷克斯兵工厂，当年英国是个老牌的帝国主义和殖民主义国家，长期奉行凡是不在英国制造的武器就不予采用的政策，丹麦这种机枪尽管不在英国本地生产，但是凭借冠以英国厂商名称，也得以获准在英国使用；D. R. R. S是丹麦制造这种机枪的厂商——丹麦哥本哈根轻机枪综合制造厂丹麦文的缩写字母；而全称最后的斯考博，则是丹麦哥本哈根轻机枪综合制造厂厂长的名字，他被广泛认为是麦德森机枪的设计者。

关于斯考博发明麦德森机枪，至今还有这样一段悬案。据说，斯考博于1902年2月14日申请了有关轻机枪基本自动方式的专利。但问题是，丹麦哥本哈根皇家军用武器厂的厂长拉斯马森已于1899年6月15日就申请过与之内容非常相似的专利并得到了批准。而且，

173

拉斯马森恰好将他专利的使用权转让给了哥本哈根轻机枪综合制造厂。那么，斯考博的专利是抄袭了拉斯马森，还是他的发明有所创新，人们不得而知。

作为一种紧随步兵实施行进间火力支援的武器，轻机枪与属于阵地武器的重机枪设计要求是不同的。重机枪配有专用枪架，能够实施远距离持续射击，特别是将机枪设在隐蔽处，对向己方防区排列成一字散兵线冲击的敌步兵进行扫射时，可以用最小的弹药消耗量获得最大的杀伤效果。而战场对轻机枪的要求则是重量轻，可快速隐蔽架枪射击，以加大步枪手的火力威力，所以轻机枪不要求专配枪架。斯考博根据这些要求出发，设计了装在枪身上的两脚架。其次由于重机枪要求连续射击，所以持续发射一定数量弹药后要对枪管加以冷却，马克沁机枪就采用水冷方式，在枪管外面加了一个很粗的水套；而轻机枪为了减轻武器重量，就不能采用水冷方式，于是斯考博设计了气冷式机枪，采用弹链供应子弹。最早生产的麦德森机枪就是采用弹链供弹，以后才改用弹匣。

麦德森机枪的诞生与广泛应用，对其他国家是一种挑战和威胁。不久，*1906* 年和 *1907* 年，法国、英国、德国也分别研制出自己型号的轻机枪。第一次世界大战后，由于对步兵机动性的重视，轻机枪的研制工作备受重视，一度出现了许多类型的轻机枪。第二次世界大战后，单兵携带使用的小口径机枪不断涌现，与最早期的轻机枪相比，现代轻机枪的性能大幅度提高，而重量却大大减轻了，如有的轻机枪重量仅有 *5* 公斤左右。

4．电子管的发明与发展

众所周知，当电子沿着一条确定的电路流动时，便会产生电流。如何让电子听从人们的指挥而为人类服务，这是近一个多世纪以来人们的梦想。

伟大的美国发明家爱迪生为人们指明了这条道路。*1883* 年，他制成了一个特殊的电灯泡：他在灯泡内的灯丝附近焊上一小块金属片，然后给金属片加正电压，使得电子在灯丝和金属片之间的空间内流动，从而产生了微弱的蓝色光芒。其实，金属片与灯丝并没有直接发生接触，在正电压的作用下却有电流通过；而给金属片加负电压时，则无电流通过。这种奇异的现象被称为"爱迪生效应"。

1904 年，曾与意大利科学家马可尼合作进行无线电发报实验的英国电气工程师弗莱明参照爱迪生的做法，制作了一个改进的灯泡。他加制了一个特种管子，并且开始在实验中仔细研究电流在灯丝和金属片之间的流动情况。研究的结果使他认识到，"爱迪生效应"是由于灯丝发热引起的，这种热效应使得电子像开水一样"沸腾"起来，并从金属片散入空间。他还发现自己所设计的这个特种管子还是一个优良的整流器，当金属片带正电时，它只允许电流朝一个方向流动。于是，弗莱明把它称为电子管，并用它作为检测无线电报信号的检波器——这就是世界上的第一支电子管。

实验中，弗莱明又在真空管里放置了正极板和负极板两块金属板，当加热负极板时，就发现有电子流入正极；在正极加上无线电信号后，通过的电流也随之起伏，这就是二极管。二极管是一种性能很好的新型检波装置，同时又为三极管这个划时代的发明奠定了基础。

二极管的发明使美国物理学家雷金纳德·费森登能够在 1906 年 12 月 24 日首次进行了声音广播——从马萨诸塞州海岸播发音乐。他发射的不是如莫尔斯码那种断续信号，而是连续的信号，信号的振幅随声波的不同而有所变化。这种信号的广播，后来就被称为调幅广播。

由于二极管检波器的输出信号很微弱，检波效率较低，所以人们想尽办法对这种电子管进行改进。1907 年，美国一位从事无线电信号检波工作的发明家李·德福雷斯特在二极管的正极和负极之间加上了一个金属丝制的栅极，带负电荷的栅极使得电子也带有了负电，从而趋向于被驱离栅极，使只有少数电子到达金属片。这样，人们用增加或减少栅极负电荷的方法就可以调节流向金属片的电子数量，也就意味着人们可以对电子的流动进行精确的控制——这就是今天三极管的标准形式，由金属片、灯丝和栅极三种元件构成。随后，三极管很快就被用来发射和接收无线电波。接下来，德福雷斯特为美国海军设计了第一座大功率无线电台，首次实现了使用无线电发布新闻广播。

后来，电子管的发展又经历了四极管、五极管，除不断改进它的放大性能外，还尽可能向提高工作效率、加宽频带的方向发展。总之，20 世纪的大多数电子装置都是电子管的巧妙应用。

今天，世界上已经有几百种各式各样的电子管，有的像顶针那么小，有的却像人那么大。除检测和放大无线电信号外，它们还可以将交流电变成直流电，并且可以用来接通或关掉各个独立的电路，在电子领域里为人类做着越来越多的贡献。

5. 合成氨固氮法的发明与应用

地球上倍增的人口，要求人类生产出更多的粮食来支撑。但是，地球的空间是固定的，人均的土地不会增加。解决问题的办法之一便是设法对粮食亩产量的提高。粮食作物的生长需要磷肥、钾肥和氮肥，没有这些肥料，就难有好收成。因此，各种肥料的重要性和氮肥在各种肥料中的关键作用逐渐被人们所认识。

过去，氮肥以硝酸钠和硫酸铵的形式被大量使用。由于需要量的迅速增加，人们不禁开始担心硝酸钠会很快用光，硫酸铵也将出现短缺现象。因此，固氮问题引起了科学界的高度重视。氮气约占地球整个空气的 4/5。尽管空气中有大量的游离氮，但氮的化学性质很不活泼，直接利用很困难。科学家发现，在自然界常温状态下，游离氮只能被一种在豆科植物上生成的细菌直接利用,这种细菌叫做根瘤菌。根瘤菌有一种绝妙的本领，那就是它具有固氮的功能，能够在常温下将空气中的氮气转化成自身所需要的氮肥。

1902 年，德国卡尔斯鲁厄工程学院化学教授哈柏开始了固定氮为氮氧化物和氨（氮的最普通的化合物）的研究这一划时代的科研工作。在化学平衡理论的指导下，他开始一点一点地、耐心地进行试验。他曾把能够经受数百个大气压的反应容器镶嵌在枪弹壳里，利用阿马埃尔社团的瓦斯灯公司提供的铂、钨、铀等稀有金属材料，冒着高温、高压的危险不断实验寻找着新的催化剂。

1907 年，哈柏等人终于在约 550 ℃和 150 ～ 250 个大气压的不寻常的高压条件下，成功地得到了 8.25 % 的氮的化合物——氨，并

177

第一次成功地制得了 *0.1* 公斤的合成氨，从而使合成氨的研制工作有可能突破实验室，开始进入实用领域转变成工业化生产。

1909 年，哈柏又提出"循环"的概念。所谓"循环"，就是让没有发生化学反应的氮气和氢气重新回到反应器中去，而把已反应的氨通过冷凝分离出来。这样，周而复始，可以提高合成氨的获得率，使流程实用化。这一概念的提出，可以说是合成氨研制技术迈向工业化进程中具有决定性意义的重大突破。

1919 年，瑞典科学院考虑到哈柏发明的合成氨已在经济生产中显示出巨大的作用，便决定为哈柏颁发 *1918* 年度的世界科学最高荣誉——诺贝尔化学奖，以表彰他在合成氨研究方面的卓越贡献。哈柏在领奖时发表的讲话中，曾将合成氨发明的特点说成是"将石头变成面包"，不想竟引起了全世界科学界的一致暴怒。一些评论家甚至将哈柏的发明与德国发动第一次世界大战联系起来，认为他的发明也使得德国战时炸药的生产能力大为增强。

不管哈柏本人的比喻是否恰当，但是他的发明的确开辟了人类直接利用游离状态氮的途径，也开创了高压合成氨的化学方法。它的意义不仅仅是使大气中的氮气变成了生产化肥"取之不尽、用之不竭"的廉价来源，而且使得农业生产发生了根本的变革。同时，这项发明也大大推动了与之有关的科学、技术的发展。例如：*1923* 年，在 *100 ～ 200* 个大气压条件下甲醇的合成；*1926* 年，在 *100* 个大气压条件下的人造石油；*1937* 年，在 *1400* 个大气压条件下的高压聚乙烯生产等，无不与合成氨理论的建立和发展有关。从这一点来说，哈柏开创了化学科研事业的新时代。

6. 直升机的诞生和发展

提起直升起，大家一定不陌生。在军事装备上，它是能够担负一般飞机所不能担负的任务的"特种兵"；在火车、汽车不能到达的地方，它又是用来运输人员和物资的空运能手，真可谓是"空中多面手"。

然而说起直升机古老的"家族史"，却不能不追溯到公元 14 世纪我国古代流行的一种民间玩具——"竹蜻蜓"，它可以称得上是直升机家族中的"老祖宗"了。所谓"竹蜻蜓"的玩法，就是模仿蜻蜓飞行的原理，在一根扭曲的竹片中间垂直插上一根细竹棒，用双手手掌使劲搓动细竹棒，整个玩具便像蜻蜓一样"嗖"地一下冲向空中。

公元 14 世纪末，我国苏州的一位能工巧匠徐正明受到"竹蜻蜓"的启示发明了一架"飞车"。这架"飞车"形状很像一把椅子，只是椅子上方装有类似"竹蜻蜓"的叶片。人坐在椅子上，拿脚用力蹬踩位于椅子下方的传动装置，使得叶片开始转动，从而带动椅子飞上天空。但是由于缺乏机械作用力，这架"飞车"没飞多久便落到了地上。这是世界上人类使用旋翼进行载人飞行的最早尝试。

15 世纪中叶，"竹蜻蜓"传人欧洲，被称为"中国陀螺"，有些国家的百科全书还将它称作带有旋臂的"直升飞机玩具"。可以说，这是世界上最早的直升机的雏形。1483 年，意大利著名画家达·芬奇设计了一种形似放大了的螺丝钉的理想飞行器：人站在飞行器底部，如果使之旋转起来，就能够升入空中。这可以说是直升机最早的设计蓝图。此后，世界上又出现过多种直升机的设计模型，但都因缺乏足够的动力而最终成为一个个美丽的泡影。

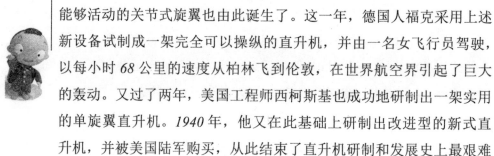

　　直到 *1907* 年 *9* 月 *19* 日，法国人布雷盖利用汽油活塞发动机作为动力，成功研制出带有四副旋翼的直升机。同年 *11* 月 *13* 日，法国人科尔尼首次驾驶自己研制的双旋翼直升机进行了约 *30* 秒的自由飞行。但是由于这些直升机的连接桨叶和桨毂的部件不能活动，从而导致飞机飞行时会向左或向右翻滚，令人无法控制，一些试飞员甚至为此献出了自己宝贵的生命。这也使得人类对直升机的研制工作一度被中断。

　　进入 *20* 世纪 *30* 年代以后，直升机的研制工作在技术上才有了重大突破。*1937* 年，世界上出现了比较先进的传动机构和防振装置，能够活动的关节式旋翼也由此诞生了。这一年，德国人福克采用上述新设备试制成一架完全可以操纵的直升机，并由一名女飞行员驾驶，以每小时 *68* 公里的速度从柏林飞到伦敦，在世界航空界引起了巨大的轰动。又过了两年，美国工程师西柯斯基也成功地研制出一架实用的单旋翼直升机。*1940* 年，他又在此基础上研制出改进型的新式直升机，并被美国陆军购买，从此结束了直升机研制和发展史上最艰难的探索阶段。同年，苏联人布拉图欣也设计制造出一架"欧米加"式直升机。鉴于上述几架直升机的结构大体一致，因此被称为第一代直升机。

　　从此以后，全世界的直升机制造业呈现出一派日新月异的景象。大约每隔 *10* 年，人类对直升机性能的研制就有较大的改进，同时使用范围也越来越广泛。如今全世界直升机的类型已发展到近百种，式样更是千奇百怪，动力装置、旋翼材料等也日益变得先进。可以说，今天的直升机家族已经由 *20* 世纪初孤零零的一枝独秀发展成为一个子孙满堂的庞大家族了。

7. 高压装置的发明与运用

物质在高压下的效应是人们认识物质世界极为关键的因素。此外，通过这一领域的研究还有可能合成新材料和模拟实际上无法直接观测的某些自然现象。在高压下，物质原子的空间位置和电子结构都会发生变化，从而发生相变，这对分子也一样。例如，冰在压力下有几种不同的结晶状态，且熔点可高达 $400\ ℃$。化学家对高压研究很感兴趣，因为他们渴望通过高压作用合成新的材料；地质学家和地球物理学家则希望利用高压在实验室里模拟地壳和地幔之下的物理化学过程。

虽然高压物理这样吸引人，但是这个领域却开拓得较晚。这是因为技术上的困难很大，所以产生高压的有效装置很晚才被研制出来。直到 1850 年左右，科学家才研制达到了 $3000\mathrm{kg/cm^2}$ 的压强，并在这个压力条件下实现了气体的液化。1893 年，德国的塔曼开创了一系列高压物理实验，但主要是研究高压下的相变，如熔化等。

在高压物理理论和技术领域中做出最杰出贡献的人当首推美国物理学家布里奇曼。为了进行高压实验，他设计了一种专门的压力设备，并通过它进行实验研究，从而发现了行之有效的无支持面密封原理，其密封度随着压强的升高而升高。这样，高压装置就不再受到漏压的限制，而只与材料的强度有关。

1910 年，布里奇曼等人根据这种密封原理设计出压强可达 $20\ 000\mathrm{kg/cm^2}$ 的高压装置，这是世界上第一个切实可行的高压装置。后来，布里奇曼又使用了特殊合金——碳化钨，并制成二级高压容器。就这样，他利用自己出色设计的高压设备和娴熟运用现代技术的能力，一步一步地把压强提高，终于做到能在 $100\,000kg/cm^2$ 的压强下进行实验工作。在某些情况下，压强甚至可以达到 $400\,000 \sim 500\,000kg/cm^2$。布里奇曼测定了在 $30\,000 \sim 400\,000kg/cm^2$ 流体静压强下的 100 多种物质的力学、电学、热学性质的数据，引起了其他物理学家的注意，特别是他发现了许多物质的变体，如磷的同位素异构体黑磷，6 种以上的冰的异构体等。他还在高压物理各个方面都进行了深入的研究，像测量物质的电导率、热导率、压缩率、抗拉强度和黏滞性等都在技术应用上具有很大价值。他的关于大量材料的压缩率的测定，至今还经常作为标准而引用。他发现的铋、钡、碲等元素的高压相变点也成了测量高压的标准。

在高压物理的应用方面，人们最突出的成果当属人工合成金刚石。1953 年，美国通用电气公司在布里奇曼高压装置的基础上，设计了一种叫做"BELT"型的高压装置，并利用它于 1955 年首次合成了金刚石，引起了整个工业界的轰动。后来，他们又合成了其他多种超硬材料。

目前，世界上的高压实验室总数已经超过了上百个。美国和日本的物理学家利用金刚石高压设备进行研究，得到了许多重要数据。他们利用 X 射线和激光加热高压容器，肯定了地幔深处的相变。以前人们曾认为地幔的相变是正交晶系变成尖晶石，并最终变成最密堆积的氧化物。现在根据高压实验发现存在着钙钛矿和钛铁矿结构的尖晶石矿，这一结果导致了科学家对地震数据的修正。此外，世界上其他国家也纷纷在进行高压方面的研究，以便更快地推动科技的进步。

8. 起电机和霓虹灯的发明

17 世纪后半叶，科学家在为一个科学之谜烦恼：真空管中的水银为何会发光！

事情的简单经过是这样的。*1675* 年的一天，法国天文学家让·皮卡尔同往常一样，仍在巴黎天文台进行观测、研究。但当他挪动一台水银气压计要把它从天文台运走时，奇怪的事情发生了，在水银上方玻璃管的真空里，突然出现了微弱的闪光。他觉得很奇怪，又将水银气压计摇了摇，证实了他刚才没有看错。后来，人们就将这种闪光现象称为"托里拆利发光"。

为什么叫"托里拆利发光"呢？意大利物理学家托里拆利（*1608—1647*）是伽利略的学生。他闻名于世的成就是 *1643* 年和伽利略的另一位学生、物理学家维维亚尼在佛罗伦萨做的"托里拆利实验"。这个著名的实验用一根长约 *1* 米的玻璃管灌满水银后倒立在水银槽内，结果发现管内水银面下降到高出槽内水银面 *76* 厘米时就不再下降了。这 *76* 厘米汞柱就是当时大气压的值，而管内水银面以上的"真空"就被称为"托里拆利真空"。由此可见，人们将前述水银闪光称为"托里拆利发光"就很自然了。

那么，为什么会产生这种闪光呢？许多科学家都想揭开这个谜。

最终揭开这个谜的是英国（一说德国）物理学家佛朗西斯·豪克斯比。他在 *1703* 年前后，经过一系列的实验、观察、研究终于发现，这种闪光是由于挪动气压计时，水银与玻璃管内壁摩擦生出的电激发水银蒸气产生的。

183

　　既然摩擦会生电，那么不就可以由此制成起电机吗？经过几年研制，豪克斯比终于制造出又一种起电机：一个抽空空气的玻璃球可绕轴转动——人用手柄摇，用布帛等物品与这个转动的玻璃球接触，就"摩擦起电"了。他曾用它起电，演示出许多静电现象。

　　不过，起电机最早却是由德国物理学家格里克于 1660 年发明的。这种起电机与豪克斯比的起电机相比主要不同之处是，他用的是实心硫黄球，而不是空心玻璃球。在豪克斯比之后，又有许多科学家发明了各种各样的起电机，如 18 世纪上半叶，英国戈登用玻璃圆筒、瑞士普兰达与英国詹斯登用圆玻璃板，分别代替玻璃球，使摩擦起电机更接近了现代形态。又如，德国特普勒和霍尔兹在 1865 年又发明了另一种形式的起电机——感应起电机。

　　既然水银气可以因电的激发而发光，那其他气体又会不会在电的激发下发光呢？又可不可以由此制成一种灯具呢？

　　1910 年，法国发明家克劳德终于做出了这种灯具——霓虹灯。他在一根抽空的玻璃细长管内充入氖气，然后通电，灯管便发出美丽的红光。人们先后发现，充入不同气体，发光的颜色会不同。例如：充汞蒸气，光呈蓝绿色；充钠蒸气，光呈黄色；充氮气，光呈金黄色；充氢气，光呈粉红色；充二氧化碳气，光呈白色；充氩气，光呈淡紫色；等等。

　　1910 年 12 月 3 日，巴黎大宫殿首先点上了克劳德的氖霓虹灯。1912 年，巴黎蒙马特尔大街的一家理发馆首先用这种霓虹灯作为广告牌，以招来更多的顾客。当今世界，包括霓虹灯在内的各种灯具，已将一座座城镇变成五光十色的"不夜城"。

9．"王水"中的秘密

*1943*3 年底的一个晚上，被德国人占领的丹麦首都哥本哈根笼罩着一片恐怖气氛，一队队摩托车和囚车亮起魔鬼般的"眼睛"向四面八方散开，向它的目标窜去。

著名的丹麦科学家尼尔斯·玻尔也被列入搜捕名单之中。他必须在德国人到来之前收拾好要带走的东西、藏好应藏的物品，逃到瑞典，再改道伦敦去美国。他把其他物品都收拾好了，最后他的目光停留在实验台上。除各种实验仪器外，台上还放着一瓶重水和一枚熠熠闪光的诺贝尔金质奖章，它被放在一个小盒子里。

看到这枚奖章，*20* 年前的往事历历在目。*1922* 年 *12* 月 *10* 日，在瑞典斯德哥尔摩金碧辉煌的大厅里，他在庄严悦耳的乐曲声中从瑞典国王手中接过诺贝尔物理学金质奖章，这是为了表彰他在原子结构和原子发射谱线方面的研究成果。现在戴上它，或者即使藏在带走的物品之中，如被发现，也会暴露自己的身份，后果不堪设想；留下吗，又会落入敌人之手。正在左右为难的时候，他的目光落在实验台上那瓶"王水"上。"咦，它不是溶解一切金属吧？"于是他想出一个绝妙的主意，将奖章溶解在"王水"中。他迅速将奖章放进"王水"……奖章体积越来越小，最后消失得无影无踪，而"王水"却仍然晶莹透明。这时玻尔长长地舒了一口气，连忙拿起"重水瓶"，在茫茫的夜色中踏上了漫长的征途。

当德国人窜进他的实验室时，他已经在丹麦抗敌组织的帮助下通过厄勒海峡的一条秘密通道，漂泊在波罗的海的小船上了。接着，他和家人到达瑞典，最终逃离虎口，到达美国。

那么，德国人为什么要搜捕玻尔呢？原来，玻尔坚决反对战争的观点世人皆知，作为一名不屈的战士，理所当然地被德军视为敌人。因此，从 *1940* 年德国占领丹麦后，玻尔的处境就十分危险。但玻尔仍坚守在自己的祖国，直到上述 *1943* 年底他得到德军准备将他劫往德国的准确情报后，才毅然逃出虎口。此外，他还帮助过许多人潜逃出境，否则他们终将丧命。

玻尔一生中有许多趣闻轶事，以下再记叙几件。

第一件——忙中出错。玻尔在瑞典到英国的途中，被安置在一架"蚊"式飞机的弹舱里。飞机被气浪颠簸，同时也可能遭遇德机，情况很危急。虽然环境如此险恶，但蜷缩在弹舱里的玻尔仍然在全神贯注地思考他要解决的科学问题，以致没有戴飞机上必备的联络耳机，因此没能听到飞行员让他戴上氧气面罩的通知。当飞机升到空气稀薄的高空时，他已经因缺氧昏过去了。在伦敦机场上，欢迎他的人们发现他已奄奄一息。但更使玻尔懊恼的是，在匆忙出逃时带走的、在生死攸关的航程中豁出命来保护的"重水瓶"，竟是一瓶地地道道的丹麦啤酒！原来，装重水的瓶子是一只啤酒瓶——他也会忙中出错。

第二件——还原奖章。*1945* 年德国投降后，玻尔又回到哥本哈根的实验室。那瓶王水依然清澈如故，他打开瓶盖小心翼翼地放入一块铜。铜逐渐消失，瓶中出现了一块黄金，这是两年前溶入其中的那枚奖章的全部金子。他将金子取出，重新铸成了与原来一样的奖章。原来，黄金与王水发生了如下的化学反应：

$Au+HNO_3+3HCl=AuCl_3+2H_2O+NO\uparrow$

$AuCl_3+HCl=HAuCl_4$。

这 $HAuCl_4$ 是氯金酸。他把铜放入其中后，铜把金从氯金酸中置换出来，得到黄金。这就是玻尔智取奖章的故事。

第三件——两位不同的老师。玻尔在哥本哈根大学完成全部学业后，便直奔英国卡文迪许实验室，拜该室第三任主任——以发现电子闻名于世的英国物理学家 J.J. 汤姆逊为师。个性直爽的玻尔觉得老师的原子结构模型——"面包夹葡萄干"有些缺陷，便对汤姆逊谈了自己的不同看法。不料这竟得罪了老师：初投门下的无名小卒竟敢向我的原子模型开火！这样，玻尔的论文也未能在英国发表。不到几个月，玻尔便悄然离开了汤姆逊。

这场风波对玻尔是一个打击，但事物总是一分为二的。后来的事实表明，这对玻尔一生的转折以至对物理学的发展，倒成了一件好事。

他离开汤姆逊后不久，从朋友口中得知英国物理学家卢瑟福一向关心青年，于是他转而投向曼彻斯特大学，在卢瑟福的实验室里工作。在此这前几个月，卢瑟福也发表了他不同于汤姆逊的模型——核式结构模型。玻尔也发现汤姆逊的模型有缺陷，但不敢贸然向卢瑟福摊开看法，因为他怕再遇到汤姆逊式的怒火。但在经过一段时间激烈的思想斗争之后，他终于怀着惴惴不安的心情敲响了卢瑟福书房的大门。卢瑟福热情地接待了他，仔细地倾听他的看法。卢瑟福赞赏学生的勤奋与创造精神，鼓励他把研究成果整理成论文。论文初稿出来后，又提出重要修改意见，经过师生俩一连几个长夜的倾谈和逐字逐句的推敲，改定了这篇论文。卢瑟福将它和玻尔回国后又写出的另外两篇论文推荐给英国《哲学杂志》，其中一篇名为《原子和分子结构》。这些论文于 1913 年发表在该杂志后，在国际物理学界引起极大的轰动。玻尔在论文中提出的原子结构的"玻尔模型"使他荣获 1922 年诺贝尔物理学奖，也因此被誉为"原子结构学说"之父。他的成就，有一半应归功于与汤姆逊对待新生事物态度截然相反的、德行高尚的老师——卢瑟福。

玻尔的学说虽然并不完善，但却代表着对经典物理学的一次彻底突破。他成为"与爱因斯坦齐名"的人。欧洲科学界甚至在他逝世后认为他"比任何人，甚至爱因斯坦在内都更多地改变了20世纪"。这是因为，玻尔和他创立并领导的哥本哈根理论物理研究所，为量子力学的发展做出了划时代的贡献。

玻尔的成功不是偶然的。

第一，他得益于得天独厚的成长环境。玻尔的父亲、哥本哈根大学生理学教授克里斯蒂安·玻尔的岳父艾德勒，是有名的大金融家和政治家。德海滨14号古老、豪华的大厦，是这个家庭"经济实力"的象征。

第二，他得益于父亲正确良好的教育。经济富裕并不能保证子女成才，如果财富使用不当，还会使子女成为"纨绔子弟"，老玻尔深知这一点。他培养孩子朗诵歌德的《浮士德》，教他们读莎士比亚和狄更斯的作品；带他们去散步、划船、看树叶生长、登山欣赏彩霞云海、讲授雷电知识……还让孩子从小自己动手动脑。下面一个事例可以看出老玻尔的正确教育方法和良苦用心。一次，家里的自行车的飞轮出了毛病，玻尔不顾母亲的反对，坚持自己修理，但拆开后却不知如何安装还原。这时母亲叫女仆去请修理工，但却被父亲阻止。老玻尔平静地说："不要管这孩子，他自己会知道怎样干的。"果然，玻尔经过仔细观察研究之后，终于把车子重新组装好了。意志、道德、人生观、技能的正确培养，为玻尔的成功打下了坚实的基础。

第三，得益于玻尔自己许多良好的品质。对此，仅能挂一漏万举出两例。一例是他与众不同的犀利的眼光，对教科书上的错误一点也不妥协。一发现错误，便加上圈注，向老师提出改正意见，哪怕老师不相信他的，他也坚持按他认为正确的回答。一次，一个同学问他"要是物理考试恰好出在这些有错的地方，是照你的还是照书上的回答？"玻尔毫不犹豫地回答说："当然照对的回答，应该让老师知道真正的物理是什么。"他的这一品质使他在班级里成为同学聚集的"中心"。他的同学奥利后来做了如下回顾："我清楚地记得，那时我们都因他的所作所为而印象非常深刻。他的品格和风度给整个班级定下了调子。"第二例是他从导师卢瑟福身上继承的品格和作风。他成名后依然同青年人朝夕相处，平等待人，从不摆权威架子，处处发扬民主作风，因此深受学生拥戴和尊敬。有时他的想法受到学生的反驳，他闻过则喜，知错就改。他虚怀若谷，总是说自己的数学知识比有的学生还差，说自己的表达不畅。玻尔越谦虚越有自知之明，愈是得到学生的热爱和赞扬。当有人问玻尔，他何以吸引这么多杰出的青年物理学家聚集在他身边时，玻尔回答说："我只是不怕在年轻人面前暴露自己的愚蠢。"

是的，自从玻尔创立的哥本哈根大学理论物理研究所，在 *1920* 年 *9* 月 *15* 日正式落成举行典礼之时，研究所就开始聚集来自世界各地的才华横溢的青年科学家，使玻尔为所长的这个研究所成为世界上主要的科研中心之一。这里经常聚集五六十名外国物理学家，海森堡、狄拉克、泡利、朗道等先后都在玻尔身边学习、工作过。许多著名理论物理学家都怀着自豪而崇敬的心情称自己是玻尔的学生。一时"哥本哈根学派"成为专用名词，玻尔与这群人一起和睦相处。所以，在科学史上人们发现，创立量子力学，完善玻尔理论的科学家中，多数都是年青科学家，而且都去过哥本哈根，这绝不是巧合。

为了纪念玻尔在 *1913* 年提出新原子结构模型 *50* 周年，*1963* 年丹麦发行了一枚邮票。

10. 坦克的发明

在陆地上的现代战争中，有这样一种"活动的钢铁堡垒"：它具有可以旋转的炮塔，上面配有机关枪和大炮，能够随时向四周射击；它的厚装甲板和防毒设备使之能够在枪林弹雨和毒气烟幕中勇往直前；它坚硬而具有韧性的滚动式履带也使之能够在崎岖凹凸的阵地上如履平地；同时，它所拥有的骄人的长度和重量，更能毫不费力地破坏铁网、堤坝等障碍设施，具有极强的战斗力。这个所向披靡的铁家伙便是坦克。

早在第一次世界大战爆发前，法国、俄国和奥地利就曾先后提出过一种履带式越野装甲车的设计方案，而真正将这些方案付诸现实则是在第一次世界大战中。当时英国新闻记者斯文顿正在前线采访，看到德军在阵地上筑起了许多碉堡，并在碉堡之间用带刺的铁丝网连接起来，配合疯狂扫射的机关枪形成双重屏障，使得进攻的英法联军屡屡受挫，无数战士倒在血泊之中。血腥的现实使斯文顿陷入了深深的痛苦。他苦思冥想：难道就没有一种办法能够突破德军的封锁吗？忽然他灵机一动，想到了用于当时农业生产的"大力士"拖拉机。他想，能不能给动力十足的拖拉机再穿上一层钢铁制成的厚厚铠甲呢？这样也许就能直插德军的阵地而又能够避免本方士兵的伤亡。于是，斯文顿立即将他的设想报告给英国政府，建议将重型拖拉机改装成钢铁战车。他的建议马上得到了英国政府的采纳，很快这种攻防两用的新式武器便在英国的一家制造水桶的工厂中研制成功。*1915* 年 *9* 月，世界上第一辆坦克诞生了。英国政府意识到坦克是个神奇的秘密武器，为了保密就给它取名为"大水桶",英文单词拼写为 tank,译成汉语便是"坦克"。

1916 年 9 月 15 日,英法联军与德军又在法国的松姆河畔展开激战,双方正打得难解难分之际,突然从英军的阵地上钻出一个个钢铁制成的"黑家伙"。只见它们跨过战壕,冲破铁丝网,飞速向德军阵营猛攻过去,直打得德军丢盔弃甲,溃不成军。这就是坦克第一次在战场上发挥巨大作战威力的情景。

然而,当时制造的坦克攻防能力并不是很强,火炮的口径小,装甲板也很薄,跑得又慢,充其量只能算是一支"坐着战车的机枪队"。但它所拥有的势如破竹的威力却引起了军事家的高度重视,认为它是一种很有发展前途的陆战武器,于是各国纷纷投入大量经费和科研力量研制和改进坦克。20 多年后,到了第二次世界大战,坦克就已经成为陆地战场上的主要作战武器了,而且其攻防能力较之从前也有了很大改进,本领变得越来越大。如今,坦克更是现代战争中必不可少的一员猛将。

但是,坦克并不是刀枪不入,无坚不摧的神武英雄,它也和其他任何武器一样有着自己的弱点。比如:车顶和底部的装甲板很薄,容易被击穿;"肚子"里装有许多易燃易爆品;"铁脚板"履带虽然适用于各种特殊地形,但若其中一个环节出现故障便会造成全身瘫痪;"眼睛"只能望远不能看近,是个不折不扣的"远视眼"……这些缺点使得各种反坦克武器应运而生。于是坦克研究专家便加快研制能够扬长避短的新型坦克,即采用复合装甲材料和裙板,装备先进的操作系统,并增大火炮的口径,加大发动机的马力,使坦克真正成为现代化的"全能"作战武器。

11. "万能"的方法

提起"搅拌",恐怕任何一个稍有生活经验的人都不陌生。服用某些药物时,医生要我们"摇匀"后服用,涂擦某些外用药时也是如此;要急着喝烫开水,便用勺子、筷子之类物件"搅一搅",可加快它冷却;要把诸如白糖之类的东西溶入水中,搅拌能促使其更快溶解;用面粉煮糨糊或用米粉煮糨糊时,必须不停地搅拌——不然这些淀粉就会结成块,达不到预期的糊状;连早期炼钢用反射炉时,也必须不断地搅动铁水,使之与空气接触,以达到脱碳的目的……

搅拌的确是"万能"的:使原料混合均匀、反应充分、温度一致、传热加快、颗粒分散。

下面要讲的故事,是搅拌的又一功能——赶走气泡。

第一次世界大战期间的 *1916* 年春,战争进入关键阶段,一只俄国小船悄悄驶进了一个英国港口。几个俄国学者下船后直奔伦敦,他们急切地拜会了英国负责生产军火的大臣,要他们传授光学玻璃的生产技术——他们知道英国玻璃制造商谦斯兄弟掌握这一技术。但英国大臣婉言谢绝,叫他们去找法国人。

为什么俄国人急于想搞清光学玻璃的生产技术呢?因为它对于战争的胜败太重要了:照相机、望远镜、放大镜、显微镜、潜望镜、测量器的镜头都离不开它,否则潜水艇、飞机、坦克等光学仪器都会成为瞎子或半瞎。普通玻璃不能替代它。到哪里去寻找这一技术呢?当时只有英、法、德三国掌握了这一技术。德国是不会告诉的;而德国又正在进攻法国瓦尔登,法国也很危险,无法去法国,所以俄国人首选英国，于是出现了前面的一幕。

那又为什么只有这三国掌握这一技术呢？原来，这一技术首先是由法国钟表匠吉兰在 18 世纪发明的；其后 19 世纪末，物理学家阿别和化学家舍达也各自独立发明了这一技术。因此，能生产光学玻璃的只有这三国。

被英国拒绝的俄国人，只好冒险来到处境危险的法国。好在当时法国正在期待着俄国的援助。于是法国总统亲自陪着他们去会见掌握这个技术的光学玻璃制造商曼杜阿。可是，俄国人即使答应用 100 万法郎购买这一技术，曼杜阿还是说什么也不肯出卖这一技术。

俄国人再次碰壁之后，并没有灰心，于是他们再次返回英国。好说歹说，他们终于如愿以偿。而谦斯兄弟的条件是，给予 25 年的特权。

那么，俄国人花了 100 万法郎没有买到的"秘密"究竟是什么呢？"搅拌"——熬熔玻璃液时必须不停地搅拌！对此，俄国学者面面相觑，哭笑不得。

是的，搅拌是生产光学玻璃的关键技术，它可使原料混合均匀，气泡从玻璃液中不断逐步溢出，使玻璃质地均匀、晶莹透明。怎么会不"价值连城"呢？

后来，俄国人公开了这一秘密，而且对光学玻璃还做了很多研究改进。

12. 传真机的发明

自从人类发明了电报和电话，信息的传递和交流变得更加快捷和准确。但是，怎样将自己手中的原始文件，甚至是重要图片，通过

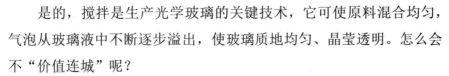

远距离及时、准确地发送到对方手中，一直是人们迫切的要求和美好的愿望。为了实现这一愿望，无数的科学家和无线电爱好者都在努力地钻研着。德国的保尔·尼波科夫就是其中的一个。

1883 年，尼波科夫还是德国高等院校中的一名大学生。有一天，他在教室里看到两个同学正在做一个十分有趣的游戏：这两个同学分别坐在各自的桌子旁，手中各持一张大小相同的画满小方格的纸，只见一张纸上写着一个黑色的英文字母"G"，而另一张纸上没有字母。纸上有字母的持有者充当发送方，按照纸上每一小格是黑还是白，从左边开始自上而下地一格一格将信息传给接收方，接收方了解到第几格是黑色时，就用笔将自己手中纸上的相应小方格涂黑，而对白色的方格就空着不涂。结果，最后接收方同学的小格纸上也出现了一个与发送方同学手中纸上一样的字母"G"。尼波科夫看完后颇受启发，立即想到：无论是简单的照片还是复杂的照片，都是由无数密密麻麻的小黑点组成的。就是说这些黑色的小点子是构成照片的基本元素，即被称为像素。像素越细、越多、越重，照片就越清晰。尼波科夫随即进一步想到：如果采取化整为零的方法，在发送的地方把需要传送的图像和文字分析成无数的点子，再借用一定的科学手段把这些点子变成电信号传递到接收的地方进行破译，最后就一定能得到和发送方手中一样的图像和文字。于是，他一头扎进了寻找传送、破译的研究试验之中。经过反复努力，尼波科夫终于发明了圆盘式传输装置，从而打开了传真通信的大门。到 19 世纪末，科学家根据这一原理首先发明了电报传真技术。

经过几代科学家的努力，终于在 1925 年，美国无线电公司研制出了世界上第一部实用的传真机，可以通过有线电和无线电快速、准确地传送文件和图片。但这种传真机传送图像的清晰度、传送速度以及光源亮度等还不能让人满意。*1930* 年，美国物理学家弗拉基米尔·茨沃里金发明了摄像管，同时其他科学家又发明了电子束管等先进电子元件，传真机的性能得到了很大的改进。到了 *20* 世纪 *60* 年代激光技术被发明后，光源问题得到圆满解决，传真效率也得到前所未有的提高——直到这时，现代意义上的传真机才开始大规模进入现代社会。

进入 *20* 世纪 *70* 年代后，传真机开始在不知不觉中成了办公设备市场的重要组成部分。*1980* 年，一项新标准的制定使现代传真机得以面世。这项标准能够把文件或图片转换成数据化的信息，然后通过普通的电话线在 *1* 秒或者是更少的时间内发送给对方。此后，传真机几乎在一夜之间成为商业办公室的标志性设备——众多大大小小的企业同时发现，离开了传真机，企业的业务就无法正常运行。由此，传真机被誉为"办公室里的好帮手"。到了 *1980* 年的末期，传真机的实际应用已经达到了顶峰，从而使得传统的传真电报业务量下降了一半。

但是，随着电子计算机因特网的出现，传真机已经走过了自己的短暂的风光时期，开始逐渐让位于电脑网络。

13．现代火箭的发明

从 *17* 岁开始，罗伯特·戈达德这个年轻的美国人就在他的某本日记的开头吐露出"制造一种能登上火星的装置"的梦想。

1914 年，他向这个梦想迈进了"一大步"。刚从研究生院毕业，戈达德就申请了多项有关现代火箭学基本概念的专利，其中包括液体

195

燃料推进器和多级火箭。在这之后，他就开始了长达 12 年的探索试验。在向别人说明自己的计划时，他仅提及希望寻求一种收集宇宙信息的途径。当一家地方报纸披露了他的太空旅行的想法时，这位离群索居的克拉克大学教授得到了一个绰号："月球人"。的确，在他进行试验的马萨诸塞农场经常发生的爆炸，看来同样证明了他的疯狂。

在莱特兄弟首次飞行 20 多年后的 1926 年 3 月 16 日，戈达德用事实为自己进行了辩护——把他的发明送上天，宣告了火箭时代的到来。戈达德制造的划时代的火箭长约 3.05 米，不装燃料时还不到 2 公斤重，用液氧和汽油推动。它在约 13 米的高空飞行了约 56 米，整个飞行持续了 2.5 秒。戈达德在他的日记里写道："它飞起来时真是太迷人了，没有太大的噪声和火焰，好像在说：'我在这儿呆的时间够长了。我想如果你不介意，我就要到别的地方去了！'"

在这次火箭成功发射之后的几年里，戈达德又进行了多次发射试验。他后来还在火箭上安装了气压计、温度计和照相机，火箭最高发射高度达到了 2 500 米。

其实，在戈达德之前一些先驱者已经在这方面进行了大量开创性的研究。被誉为"现代火箭之父"的苏联科学家齐奥尔科夫斯基早在他 1903 年写成的《利用喷气工具研究宇宙空间》一文中，就第一次阐述了火箭飞行和火箭发动机制造的基本原理和构造，并推导出计算火箭飞行最大速度的公式。他的这些研究成果对人类关于火箭研制技术的发展产生了深远的影响。

1923 年，德国人奥伯斯在他出版的《从火箭到星际太空》一书中，深入探讨了许多技术性问题，如喷气速度、理想速度和火箭在大气中最佳上升速度等。有趣的是，奥伯斯的著作经科普作家改写成通俗读物后，也产生了广泛的影响。

在戈达德之后，火箭研究在许多西方大国中迅速开展起来。*1933年*，在冯·布劳恩的主持下，德国首先在这方面进行了开创性的研究，并在空气动力学和制导与控制、发动机设计、弹道设计等方面积累了大量经验。*1942年10月3日*，在严格保密的波罗的海沿岸的一个名叫佩内明德的发射场，德国成功地发射了第一枚军用火箭 V-2。V-2火箭全长 *14* 米，可携带 *1* 吨重的弹药，最大射程 *300* 千米——这是在真正意义上第一枚进入实用的现代火箭。

V-2火箭这种新式武器的诞生，虽然没能最终挽救德国"二战"失败的必然命运，但是它在战争中显示出来的巨大威力，已经使深受其害的英国人产生了巨大的恐惧心理，也为战后现代火箭技术的飞速发展开辟了道路。事实上，美国和苏联战后火箭技术的发展都是从抄袭 V-2 火箭起步的，而美国更是将在战争结束时俘获的大量研制 V-2 火箭的德国科研人员直接送回本国，为其发展火箭研制事业服务。